数学の窓から

科学と人間性

小倉金之助

ogura kinnosuke

河出書房新社

数学の窓から

科学と人間性

◉

目次

装幀――隈阪暢伴

数学の窓から

科学と人間性

数学と民族性　ナチス数学論の批判

一　はしがき　数学者の型

数学は、他の一切の文化と同様に、民族性を持つとは、以前からしばしば、人の口にするところであった。しかるに世界ファッシズムの勃興につれ、この問題は、今や政治的意義を持つようになってきたのである。

現に、ドイツにあっては、かなり有力なる数学者ビーベルバッハ（ベルリン大学教授）が、ナチス数学論の代表的理論家として立った[1]（一九三四年四月以来）。また数学者・数学教師の一団体は進んで「第三国家の数学教育」を論じ、その具体的提案を作成・公表するに至った[2]（一九三四年九月）。日本においても数学教育者の一部では、「日本国民性」を問題にしていると、伝えられる。

ビーベルバッハの議論は、簡単には、既に日本に紹介されかつ感想的批評も公にされているが、(3)しかしかような議論は、その性質上、推論の過程をもある程度まで詳しく紹介されなければ、かえって人を誤解に陥し入れる恐れがある。それで、この小篇において、私は貧しい批判を加えながら、ビーベルバッハの理論を、できるだけ彼自身の言葉によって伝えると同時に——彼が提案した教育政策の価値はともかく、——彼の推論そのものは、全く非合理的なことを明らかにしたい。そして最後に、いささか日本の数学にも触れてみたいと思うのである。

さて本論に入る前に、読者は、「数学者には幾つかの型がある」と、しばしば、いわれることに注意されたい。それ等はいずれも皆、きわめて機械的な分類ではあるが、ここにその目ぼしい型の分類の例を挙げておく。かような無理な類型的分類も、ビーベルバッハの議論を理解するための、やむをえない準備として載せるのである。

(1)ポアンカレは一九〇〇年の講演で、数学者を次の二つの型に分けている。〔それは大体後に、『科学の価値』(一九〇五)の中に改められた。〕

論理家(あるいは解析学者) たとえばメレー(仏)、エルミット(仏)、ワイヤストラス(独)

直観家(あるいは幾何学者) たとえばクライン(独)、ベルトラン(仏)、リーマン(独)

この中でポアンカレは特に、エルミットとベルトランについて、この二人は、同時に、同じ学校に学び、同じ教育と同じ影響を受けたのに、その学風・態度において、何というはなはだしい相違であろうと、述べている。

(2)クラインはアメリカでの講演(一八九三)の中で、数学者を三つの型に分類している。

論理家　たとえばワイヤストラス（独）
算法家　たとえばゴルダン（独）、ケーレー（英）、シルヴェスター（英）
直観家　たとえばフォン・スタウト（独）

そしてクレブッシュ（独）は算法家と直観家を兼ね、クライン（独）自身は直観家と論理家を兼ねていると述べた。

なおクラインは直観について語っている。――「直観には、素朴な直観と、洗練された直観とがある。前者は決して正確なものとは言い得ないが、これに反して、後者は、単なる直観のみではなく、それは論理的展開を通じて起こるものだ」と。そして彼は、この規定から、素朴な直観の例を、微積分発明の初期におけるニュートンにおいて、洗練された直観の例をユークリッドにおいて認めている。

進んでクラインは民族性の問題に移った。――後のナチス数学論と比較するために、私はその部分を全訳して置こう。[4]――

「空間的直観の正確の程度は、個人によって、また多分、民族によってさえも、異なると言わねばならぬ。

強い素朴な空間的直観は、チュートン民族の大きな特徴であったかのように思われる。これに反して、批判的な純粋の論理感覚性は、より十分にラテン民族及びヘブライ民族によって発展された。」

（3）十数年の後に、再びクライン[5]は、数学の発展系統を歴史的に考察して、これを孤立主義（数学の各分科が、その分科独自の方法で、純粋な論理的展開を示そうとする主義）、融合主義（各分科について考えるよりも、むしろ数学全体の有機的統一を目標とする主義）および算法主義の三つに分類した。今初めの二つの例を挙げれば、

孤立主義　たとえばユークリッド、ワイヤストラス（独）の函数論、ヒルベルト（独）等の幾何学基礎論。

融合主義　たとえばヤコビ（独、ユダヤ系）、リーマン（独）、モンジュ（仏）、ピカール（仏）の解析学、クレブッシュ（独）、リー（ノルウェー）

そして性質上、大体において、孤立主義者が論理家であり、融合主義者が直観家である場合が多いのは、当然のことである[6]。

（1）ビーベルバッハ（Biberbach）がベルリン科学普及会においての講演については、*Deutsche Zukunft*, April 8（1934）または *Unterrichtsblätter für Mathematik und Naturwissenschaften*（1934）を見よ。これが彼の第一声であった。次に、プロシア科学学士院での公演は、*Sitzungs berichte der Preussischen Akademie der Wissenschaften. Physikalische-mathematische Klasse*（1934）に載っている。またデンマークのユダヤ系数学者ボーア――有名な物理化学者のボーアとは別人――の批判に対する抗議については、*Jahresberichte der Deutschemmathematiker Vereinigung*（1934）を見よ。

（2）*Zeitschrift für mathematischen und naturwissenschaftlichen Unterricht*（1935）. S. 1-15. 42-44. 62-75.*

＊〔追記〕その内容については次の詳しい紹介を見よ。

竹村弘氏「第三帝国に於ける数学教育」（『学校数学』第二〇号、昭和十年十一月）。

（3）ここにはその二つだけを挙げよう。
桑木彧雄氏『アインシュタイン伝』（改造社、昭和九年九月、二〇六頁）。

「科学」（岩波書店、昭和十年二月号）〔この巻頭言は、無署名であるが、石原純氏の執筆であったろうと、私には推定される。〕
（4）Klein, *Lectures on Mathematics* (Evanston Colloquium, 1893) p. 46.
（5）Klein, *Elementarmathematik vom höheren Standpunkte aus.* Bd. I.
（6）なお他の視覚から見た、科学者の型の分類（オストワルド）については、桑木氏（前掲書）二五六頁以下を見よ。そこには著者は正当にも、「類型別には凡て無理があり」と指摘している。

二　ナチス数学論——ドイツ型とフランス・ユダヤ型

これよりナチス数学理論の代表者、ビーベルバッハの説くところを聞こう。

彼は暗々裡に、民族の本質を血縁協同体に求めている。たとえば、ドイツに国籍を有していても、ユダヤ人はドイツ民族に属しないと、——ナチス流に——解釈している。そして彼は数学的諸活動の様式——問題の選択、その研究法と、叙述方法、結果の評価、等々——において、ドイツ型とフランス型とを区別しようとすることから、出発する。
一　それがために、彼は複素数論におけるフランス人コーシー及びグールサーの態度と、ドイツ人ガウスの態度とを比較する。
「前者は$a+ib$を、単に代数記号の結合とし、全く抽象的記号として取扱っている。これに反して、後者ははっきりと、『かような理論は、直観から全く遊離しているかのように思われるが、実は、反対に複素数の算術は直観的感覚に触れているのである』と述べた。……

ところでイエンシュの類型心理学に従えば、人間の型にはS型（精神が現実から遊離する型）及びJ型（直観と思考とが調和統一する型）というものがある。

これによって見れば、コーシーとグールサーはS型に属し、ガウスはJ型に関すること明らかである。……われわれドイツ人には、コーシーやグールサーの説明は、堪えがたい程、厭なものなのだ。」

二　次ぎにフランス型とイギリス型との比較に移って、フランス人ポアンカレとイギリス人マックスウェルとが俎上にあげられる。――

「ポアンカレは述べている。

『フランスの読者が、初めてマックスウェルの電磁気学を繙くと、嫌気がさす。この書に対する賞讃に混じって、しばしば不信頼の声が聞こえるのである、……なぜなら、疑いもなくフランス人が多く受けた教育では、何よりもまず正確と論理を賞味するようにされているから。……

事実フランスの大家は、ラプラースからコーシーに至るまで、まず仮説を言明し、次に厳密な数学によって総ての結論を導き、その結果を経験と比較したのであった。しかるにマックスウェルは他の途を採った。彼の出発点は、仮説でなくて、経験であり現実であった。それから後にも、必ずしも数学的厳密に依頼はしなかった。彼は電磁気の力学的説明を与えなかったたし、かような説明も可能であることを示したに止まったのである。』

このようなマックスウェルに対するポアンカレの批判を見ても、そこに二様の型の存在が認め得られるだろう。ポアンカレは教育についていったが、国民の教育は、その国民性によって制約される以上、これらの型は、それぞれフランスとイギリスの国民性に対応するのである。デカルトの哲学を見るがよい。それこそ誠にフランス型のよい典型ではないか?」

これだけの議論——単にこれだけ、外(ほか)には全く何もないのである——から、ビーベルバッハは大胆にも、数学上「フランス型は心理学上のS型に属し、ドイツ及びイギリス型はJ型に属する」という結論の、第一段に到達した(つもりな)のである。(1)

三　ここにおいてビーベルバッハは、転じてユダヤ人の数学様式を尋ねる。——

「近頃(ユダヤ系の)ランダウは、微積分学の本を著わして、一つの典型的な様式を示した。この書の中の三角函数の取扱いは、実に特徴的である。そこでは正弦や余弦は級数によって定義された。そして(円周率)πは$\cos x$を零とする最小な正数の半分として定義されたが、このπの値が普通の教科書に書いてあるπの値と、どんな関係にあるかは、ランダウの全然述べないところであった!

これはただ一例に止まるが、かようにこの書の中では幾何学的関係や空間的考察、自然科学などへの応用を一切無視したのである。すなわち空間的直観をも、また自然的立場をも全く顧慮しないこの書は、いわば『公理主義の演習問題』であり、これこそ正しく顕著なS型に属する。

われわれドイツ人は、このような非人間的な理論には不満足である。実際、上に示した三角函数の例を採るなら、そこでは自然的立脚地と論理的考察とが統一融合されねばならないのだ。現にそれが統一されている例としては、（ドイツ人）エルハルト・シュミットの講義を見るがよい！」

かくて彼はS型を排撃して、J型を高く評価した。すなわちフランス・ユダヤ型を排撃して、ドイツ型を主張しようとする準備ができあがったのである。

（1）ビーベルバッハは、どこにもドイツ数学者とイギリス数学者とを比較せず、無理の裡に、この二つは同じJ型に属するものと見做している。しかしもし彼の論法で進めるなら、私には、ドイツ型はS型に、イギリス型はJ型に属することを証明（？）することが容易である。試みにビーベルバッハの口吻を借りてみよう。——

ドイツ人クラインは述べている「（イギリス人）サーモンの幾何学書には、何らの系統的叙述もなければ、また厳密なる展開もなかった。それは、代数幾何学的観察による多くの美しい結果、を読み易い漫談風に、やたらに数え上げたものである。」（Klein, *Entwicklung der Mathematik im 19. Jahrhundert.* Teil I. S. 165.）

ところがサーモンの幾何学は、非常に広く読まれ、イギリスでは「幾何学の経典」と呼ばれている。「この創見的著述において、サーモンは従来の研究者の諸結果を補修し、これを系統的なる一体として総合した。……この書の叙述の体裁は実に数学的著述の典型として許さるべきものである」とは、イギリス人ロバート・ボールの批評であった。——かようなサーモンに対する批判を見ても、そこには二様の型の存在が認め得られるだろう。……

三　ナチス数学論——民族的型の決定（?）

しかしながらビーベルバッハの主張を貫徹するためには、少なくとも、
（1）フランス及びユダヤ民族の、少なくとも代表的なる数学者は、S型に属すること。
（2）ドイツ民族の少なくとも代表的なる数学者は、J型に属すること。——この二つを証明しなければならないのである。この二問題についての、彼の態度を見るがよい。
一　彼にとっては誠に不幸にも、問題（1）について、彼は上に挙げた例の外に、ただ一つ、ユダヤ系のヤコビをドイツ人ガウスに比較しているのみである。「ヤコビは恐ろしく抽象的であり、ガウスはこれに反している」と。しかし私の見るところでは、ヤコビをS型に入れるのは、むしろ不当である。クラインがヤコビを融合主義と見なした通り、ヤコビこそ多面的な、そして力学などの研究者でもあったのだ。——「諸君、われわれは『ガウス的厳密』をやるだけの時を持ちません」とは、実にヤコビその人の言葉ではなかったか?
もしユダヤ系の数学者からS型を選ぶつもりなら、むしろクロネッカーなどを挙げた方が、適切ではなかったのか?

また現代ユダヤ系の数学者としては、故ミンコウスキー、アダマール、レビ・チビタなどを考えてみるべきだが、彼らは果たしてS型であろうか?　少なくともミンコウスキーなどは、むしろJ型ではないのか?

またフランス系の代表的数学者は、無理にもS型に編入されねばならないのであるが、ここに

も大きな疑問が横たわる。さきにポアンカレは、マックスウェルに比較された為めに、S型に入れられたが、ポアンカレこそ他の一面では、最も鋭い直観の持主であった。それなればこそ彼は、優れた幾何学者・天文学者・物理学者たり得たのであり、正当に見れば、むしろJ型の人ではないのか？　その他ダランベール、ラプラース、フーリエは如何？

更に眼を幾何学に転ずるならば、デザルグ、モンジュ、ポンスレーの如きは、明らかにJ型の人であろう。特に画法幾何の父モンジュ[1]の如きは、近世数学市場の典型的なJ型ではなかったのか？……

このような観察を続けるなら、問題（1）に対するビーベルバッハの答は、不完全きわまるどころかほとんどナンセンスに近いものである。

二　次に問題（2）の返答を聞こう。ドイツ民族の代表的数学者は、果たしてJ型に属するのであろうか？

ドイツの誇りとするワイヤストラスは、上述のように直観を排したところの典型的な論理家・孤立主義、即ちS型と見做される人である。（ポアンカレ及びクラインの前掲の分類を見よ。）しかし、それではビーベルバッハにとってはなはだ困るのだ。そこで彼は弁護の労をとった。——

「ワイヤストラスを以て、単に現実から遊離した抽象的論理家と見るのは不当である。事実、彼の直接の門人シュワルツと同様に、彼自身もまた具体的な問題を取扱ったこともあるのだ。実際、シュワルツのような門人は直観的・形体的考察と論理とが、よく結合していたではないか？」

と。一口にいえば、ワイヤストラスを抽象的理論家と見做したのは、彼の孫弟子あたりからの一面的観察に外ならないと、いうのである。（こんな調子で進むなら、どこに、コーシーやポアンカレやヤコビを似て、S型とする根拠があるのだ？）

それなら「公理主義」の大立物ヒルベルト――「公理と経験とのあらゆる関連を意識的に捨象し、専ら公理体系の内部的構造について考察する」と自称した、ヒルベルトについてはどうか？ビーベルバッハは語る。――

「ヒルベルトは類型心理学上J型ではあるが、S型の影響に傾いたものであり、イエンシュがJ型中のイデアリスト型と呼ぶものに相当するのである。元来、型をいうには、中心的な特徴を挙げるのであって、個人によって多少の変化は免れない。しかしヒルベルトを以てS型とすることは出来ないのだ」

と。こういった論法によって、ドイツ民族の誇り[2]とする大数学者ヒルベルトは、ようやく救い上げられたのである。これこそ正しく『詭弁の演習問題』であった！

ビーベルバッハ教授よ。私は御尋ね致したい。たとえば「抽象代数学」と自称するような「抽象」的代数学は、主としてドイツ数学者の努力によって建設されたものであろう。そういった研究者は一体、S型であるのか、ないのか？　ヒルベルトがJ型なのに、ポアンカレがS型であると語るとき、貴下は「真理」の名において語りつつあるのか、それとも「政治的独裁」のために語るのか？

（1）モンジュの『幾何学に於ける解析学の応用』について、クラインは次の意味のことを述べている。

「モンジュの幾何学の目的とするところは、結論の形式的な厳密ではなく、空間的認識の明晰と自然的な問題の提供にあった。彼はまず自然学における幾何形態の観察を以て始め、直観の間に自ら論理に導くよう叙述した。それは因襲的な幾何学書の型――仮設、命題、証明といった叙述形式――によらないで『小説の如く読める』ような、流暢に書かれた著作であった。」

（2） 集合論の父ゲオルグ・カントルは、デンマーク人の息であるから、普通はドイツ人と見做されているが、ドイツ民族の誇りとはならぬと見え、J型に属するという証明がない。

四　ナチス数学論――ドイツ数学者の典型化されたクライン。ナチスの数学教育政策

このようにしてドイツ民族の数学的性格は明らかにされた（?）が、しかしナチスの指導的理論を建設するためには、――彼らの原理たる「権威主義」を満足させるために――権威ある数学上の指導者が選ばれなければならない。現存数学者中にその人を求めて、ついに求め得なかったビーベルバッハは、これを彼の恩師、故人、クラインにおいて見出したのであった。――

「クラインは直観家であったが、しかし彼は決して論理的顧慮を忘れなかった。クラインを以て、形式主義の先駆者と見る人がしばしばあるが、それは全く当たらない。クラインにあっては、不断の世界的流行に対して、直観の正当性のために、長く戦った人であったのだ。」

「クラインはまた数学的活動の様式差異の原因について、よい著眼を持った人であった。彼は既に一八九三年アメリカにおける講演で『空間的直観の強さは、個人性にもよるが、また多分民族性の如何によっても異なる』と述べている。」

ビーベルバッハは言葉をつづける。――

「私は信じたい。よく発達した空間的直観は、ドイツ民族の主要な特徴である。これに反して、純粋な論理的感性はラテン民族及びヘブライ民族によって、より多く発展されたものであることを。」[1]

粗雑で乱暴極まる例証（?）を根拠とし、クラインの暗示的な言葉をすり換えて、一度びこの結論（信念?）に達したビーベルバッハは、声高く叫ぶ。――

「われわれは今日クラインの思想が、四十年前よりも、もっとよく理解されねばならぬ時代に生きているのだ。民族的所属の如何は、精神的領域にあっても、それは創造の様式において、また結果の評価において、現われて来るのである。すなわちその一方は、人間性を遊離した、数学的真理の絶対国に達しようと欲する形式主義となり、他の一方は、数学的思考もまた人間的仕事であり、人間と人間性を離れては考えられないとする直観主義となる。……この形式主義と直観主義の孰れを採るかに従って、数学の出発点、数学の内容が変化する。

クラインの意味では、数学は自然科学の一章であるが、形式主義に従えば、数学と自然科学とは無関係のものとなる。……しかも、このような数学の基礎論に関する論争は、民族性（ないし国民性）に従属する。J型は直観主義すなわちクライン流に傾き、S型は形式主義となるのである。」

「ドイツの偉大な数学者は、例外なく、その遺伝において、輝かしいドイツ民族として生まれたものである。」

この基礎的理論（？）につづいて、「それなら、ドイツ民族の将来のために、如何なる教育政策を採用すべきであるか？」に移る。

ビーベルバッハは教育政策として、次の二眼目について、主張するもののようである。

一　ドイツ民族は、クラインの数学教育改造案を採用しなければならない。[2]それはわれわれの立場からは、深長な意味を持つものである。なぜなら、クラインの改造案こそは、種々の心理・官能を顧慮した上で、ドイツ民族の主要な特徴たるJ型に適応するものであるから。

二　民族的本性は、数学的創造の上に、力強く現われるものである。それ故に、〃数学上におけるドイツ的本質〃を、よく国民に知らせ、それを強化することは、数学者の義務でなければならない。

（1）ビーベルバッハのこの言葉は、既に引用したクラインの講演において、ドイツ民族の特徴として「強い素朴な空間的直観」を挙げたのを、「よく発達した空間的直観」を以て、置きかえたに過ぎないものである。

（2）クラインの数学教育改造論というのは、――たとえば中等学校に就いていえば、――究極において理論と実践との間に生き生きした関連を持たせるために、教材を近代化し、実用的・応用的方面を重視し、空間的直観を尊重し、幾何的形式における函数観念を中心として、数学全般の有機的統一を企てるものである。

したがって「クラインの数学教育改造案を採用せねばならない」との主張は、特に初等・中等教育の範囲内においては、私のきわめて同感とするところである。しかしそれは、現代社会生活における数学教育そのものの当然の要求であって、何もドイツ民族に限る必要はないのである。

〔追記〕その後のナチス・ドイツでは数学教育の実用性が、いよいよ軍事のためと見做されるようになってしまった。それについて鍋島信太郎氏『数学教育の諸問題』（目黒書店、昭和十八年）に詳しい。

五　批判――数学の歴史性、ナチス数学論の客観的意義

これからわれわれはビーベルバッハの理論について、基本的な批判を試みようと思う。

ビーベルバッハにあっては、民族性が何か、超歴史的な人類学的なもの、一定不変な心理学的なものを思わせる。彼は民族性が、全く歴史的のものに外（ほか）ならないことを根本的に忘れている。周知のように、ルネッサンス以来一七・一八世紀の数学は、主として商業、技術、自然科学との関連の下に発展したものであり、従って数学者の大部分はJ型だった。ところがフランス大革命の後、ドイツにおいては、数学上の新時代が開かれたのである。その指導的理論家の言を聞くがよい。（それは正にナチス数学論と対蹠的であった！）

一八二九年ヤコビは述べている。数学の主要なる目標は、必ずしも大衆の利益と自然現象の説明にあるのではない。「科学の唯一の目的――それは人間精神の名誉にある」と。翌年に至って、技術者（ドイツ人）クレーレは、次の意味のことを詳論した。――

「フランスでは、応用数学が余り多く教えられ、純粋数学の教養については、反抗的な偏見に囚われている。しかし数学の真の目的は悟性の内的啓発と精神力の訓練にあるのである。」

かような意見は、現実的な政治的変革を要望しないで、逆に内面的・精神的な自由・解放を憧憬したところの、当時の未だ若々しきブルジョアジーの意識の反映であった。――人はフィヒテ

の講演『ドイツ国民に告ぐ』を連想するがよい。それなればこそ、ヤコビやクレーレの思想は、当時のドイツ諸大学に決定的な影響を与えたのであった。それはディリクレー（フランス系）とヤコビ（ユダヤ系）とを最大な指導者として出発し始めたのである。

観念論的な、しかし当時のドイツにあっては革新的な学風は、非常な成功を博した。代表的 *Journal für reine und angewandte Mathematik*（『純粋及び応用数学雑誌』）は、発刊後間もなく世界に覇を称するに至ったが、それは既に *Journal für reine, unangewandte Mathematik*（『純粋、非応用数学雑誌』）と戯語されるようになっていた。他面を顧みれば、フランス大革命の前後まで、あれほどにも自然現象の説明と社会的現実に興味を持っていたフランス数学も、今やドイツと同様の学風へと転向し始めたのである[1]。

やがて資本主義社会が成熟するにつれ、自由主義と職業的専門主義によって、一方既に革命性を失った観念論の雰囲気の裡に、数学は生長をつづけた。かくてその発展と共に、ますます専門的分裂の方向へと進んだ数学は、今やますます自然的・社会的現実から遊離し始めた。それはもちろん、一面では、数学自身の内面的発展によるとはいえ、論理主義・形式主義は正にその産物でなければならぬ。

ビーベルバッハのいわゆるS型数学者の存在は、ひとりユダヤ人やフランス人に限らない。それは高度の発達を遂げた資本主義諸国——日本もその一つである——に、共通な普遍的事実である。ドイツ民族の代表的数学者には、S型が存在しないなどとは、なんという見えすいた欺瞞であろう。

されぱといって、私は数学における民族性の存在を、決して否定するものではない。ただ私は、上述の基本的条件がまず第一に考察され、その関連の下において、各民族の特殊性が、一般文化、比較心理、教育、等々の、全面的で、しかも精細綿密な歴史的分析・総合によって、初めて明らかにせらるべきであるというのである。民衆の数学的心理をも比較せずに、ただ第一流の巨頭二、三を捉え、しかもその粗雑極まる比較のみによって、この困難な問題を解決せんとするビーベルバッハの態度の如きは、根本的に非科学的である。

しかるに今やドイツ資本主義の危機に際し、ブルジョアジーが要望する政治形態としての、ナチスの独裁が出現した。そして一方においては、民族主義・国粋主義その他の理由によって、ユダヤ人は放逐され、フランス人は排斥された。他方においては、労働者階級が屈服を命じられ、自由主義が窒息せしめられると共に、ブルジョアジーの利益を擁護する指導的理論が要求されてきた。ビーベルバッハの一派は、そのイデオローグとして立ったのである。

彼らの理論（?）は、たとえユダヤ数学者の放逐を契機として現われたにしても、その本質は、決してただユダヤ数学者の排撃のみにあるのではなかった。ドイツ資本主義の危機において、ブルジョアジーにとっては、何よりも産業技術、軍事科学等々の急激なる進展拡大を必須とする。この際に当たって、現実から遊離した形式主義のS型数学よりも、現実的な実践性に富めるJ型数学が、より多く要求されるのは当然のことである。

「明日の仕事は、何よりもまず実際的でなければならない。国民的教養に対して必要な領域において、特に具体的な問題が蒐集されねばならぬ。」

「大学は、応用数学に対して全然新しく、積極的な態度を採らねばならぬ。……数学の全学生は、応用数学の基本科目（ここに科目を省略する）の一斑を、必修しなければならない。」（上述、「第三国家の数学教育」を論議した集会の決議の一節。一九三四年九月）

かようにして、自由主義を窒息させたナチスは、従来比較的に自由な立場で、研究され発展されて来たS型数学の研究に対しても、ユダヤ型・フランス型の名の下に、――ユダヤ人を放逐しフランス人を排斥すると共に――ある程度の制限を加えようとするものの如くである。われわれは刮目して今後の消息を待とう。

（1）この辺の事情の詳細については、拙論「階級社会の数学――フランス数学史に関する一考察」を見よ。それは拙著『数学史研究』第一輯（岩波書店）に採録されている。

〔追記〕なおナチスの科学については、バナール『科学の社会的機能』（原版は一九三九、坂田昌一・星野芳郎・龍岡誠共訳。創元社、一九五一年、第一部、三一六―三三二、三五〇―三五三頁を参照せられたい。

六　批判――ナチスによって歪曲されたクライン

ビーベルバッハはクラインを金科玉条とした。ナチスはクラインを、「ドイツ民族主義数学運動」の思想的根拠として仰ぐかのように見える。しかも非常に皮肉なことには、クラインその人は、最も唯物論者に近い自由主義者――それこそナチスが極力克服しようとするもの――の一人であるのだ。

数学の基礎に対するクラインの見解が、どんなに唯物論的であったかは、幾何学の構造に関する次の言葉によっても、窺われるだろう。――

「幾何学の基本観念と公理とは、直観による直接の事実ではない。それらはその事実から、(目的に達するように有効に選ばれたところの、理想化である。……いかに自己矛盾がなければとて、全く勝手な公理から、単なる論理的建設をなすような立場は、『一切の科学の死』を導くものである。……幾何学公理は、任意的な事実ではない。それどころか、それは却って、一般に空間的直観によって生じたところの、そしてその適用性によって、個々の事実を整頓するための、合理的な事実である。(1)」

クラインの研究態度が、どんなにか直観と論理、理論と実践の融合・統一を志したかは、私たちのよく知っているところであるし、そして彼の数学教育論が、いかに彼の学風を反映しているかに就いて、既に述べた通りである。また彼の筆になった数学史は、究極においては観念論的であったが、しかし産業、自然科学および思想と数学との関連を十分に感知している、現代においては比類の稀な数学史の一つであった。それなればこそ、ソヴェートにおいても、クラインをきわめて重視するのである。

「われわれは、最も進歩的なブルジョア数学者クライン――彼の論述は……自然発生的唯物論の主要な構成分をなしている――の業績を弁証法的唯物論の基礎において、研究しなければならない。」(コールマン)

ビーベルバッハは彼らの行動にとって好都合な思想と方法とを、彼の恩師クラインから、借用してきたに過ぎない。クラインこそ、ドイツにおける新興数学の偉勲者として、一方フランス系のディリクレーを挙げると共に、一方ヤコビに就いて次の如く述べた人であった。——

「ヤコビは、ドイツにおいて指導的地位を得た、最初のユダヤ数学者であった。……彼はわれわれドイツの科学に対して重要な発展の尖端を切った。彼はわが国のために、数学的天賦の新しい大きな貯水池を開いてくれたのである。」

これに続けてクラインは語る。——

「このような『一種の血の改新』は、科学の振興に、大きな寄与をなすものであると、私は確信する。[2]」

この言葉に注目するがよい！　実はクラインこそ、その本質において、正しくナチスの敵ではなかったのか？

（1）Klein, *Elementarmathematik*（前掲）、第二巻、二〇二頁。
（2）Klein, *Entwicklung*（前掲）、一一四―一一五頁。

七　数学における日本国民性について

終わりに、私は数学における日本の民族的性格について、一言したいと思う。これより以後、国民ないし民族の意味を、常識的に取ることを許されたい。

徳川時代以前については、今日ほとんど数学的資料を欠く。われわれが徳川封建期の数学すなわち和算を検討するとき、和算の長所は——予想外に高い理論の散見するにもかかわらず——系統ある体系の建設や、論理の厳密性にあるのでなく、むしろ「術」として「芸」としての技巧にあるのを見出だすであろう。しかも「芸」として「術」としての和算は、決して生産技術または自然科学方面への適用を重視したものではなく、むしろ反対に、わが封建時代の幼稚な生産技術・自然科学に照応したものであった。それで、

「和算は、元来が非実用的の芸術気分に富んだものであり、実世界の活用からは頗(すこぶ)る離れたものであった。」(三上義夫氏『数学史話』九六頁、昭和九年)

かような見解は、ひとり現代の数学史家のみに限らないのである。現にたとえば、徳川封建時代の最中においてさえ、博識慧眼なる暦算家西村遠里(とおさと)は、当時の日本数学に対して、次の批判を下している。——

「人生アルベカラザルノ理ヲ設ケ、只紙筆上ニ術ヲ争ヒ……算道ノ大要コ、ニアリトシ、誇ルニ六芸ノ尾ニ居ルヲ以テス。国家ニ用ユル所ナキトキハ、何ゾ大要トセンヤ。……徂徠イヘルコトアリ。

凡算士貴㆓奇巧㆒、誇㆓妙解㆒、是其通病

ト、宜(むべ)ナル哉」(『数度宵談』、安永七年、一七七八)

西村遠里は進んで日本と中国の数学を比較した。——

「和邦ハ……イヅレモ近世ノ書ハ神妙ノ奇術多シ。然レドモ算ノ本意ヲ失シテ、人世ニ迂遠ナルコトノミ多シ。始メニ云シ如ク、無用ノコトトナル。愈精シテ愈失ス。

漢土ハ其術ハ拙ナケレドモ、本意今ニオイテ存ス。」（同上）

これが果たして、日本および中国のいわゆる国民性の相違の結果であろうか？　われわれはその説明を、当時の社会状態の上に求め得ないのであろうか？

近代において、他の視角から、われわれの問題に触れた人に、故人菊池大麓(だいろく)――彼は大学教授、総長、文部大臣となった幾何学者である――がある。

「和算の殊に初期の時代には、マグニチュードといふ考がなかつた。数と云ふ考はあるが、マグニチュードと云ふ方の考はなかつた。……実際、之は人種に依つて違ふものであるかとも思はれます。例へば、ギリシャに於ては幾何学が、……アラビヤ時代になると全く変つて、数或は量と云ふものが、主に研究された。日本人はやはり此数と云ふ方――アルゼブラの方が、幾何学よりも一体に成績が良いと云ふことは、人種の然らしむる所であるかとも思はれます。」（菊池大麓「本朝数学に就て」、『本朝数学通俗講演集』、明治四十一年）

ところで東洋数学史の権威たる三上義夫氏は、この問題を正面から採り上げて語る。――「ポアンカレーも言へる如く、総じて数学者は幾何型と代数型とに区別することが出来るが、和算家は……全体から言へば、勿論両者が混合してゐる、必ずしも一方に偏したと言はれないであらう。けれども幾何型らしい性格は到処に現はれる。和算家が総て直覚的であつて図形を尊び……」（三上義夫氏「日本数学者の性格と国民性」『心理研究』第一二五号、大正十二年）

この二つの見解は、必ずしも互いに矛盾するものではないが、しかしその間には大きな相違がある。しかも不幸にして、寡聞な私はこの二人の外に、この問題を採り上げたところの信頼し得べき数学者あるを知らない。――それ程にもわれわれはこれまで「日本数学」に対して無関心だったことを告白する。

それなら現代日本の数学は、いかなる特徴を有するか？ 疑いもなくそれは、他の高度の発達を遂げた資本主義諸国の数学と同様に、著しく形式主義・論理主義――すなわちビーベルバッハのいわゆるS型に傾きつつあると、私は確信する。そしてこの傾向は、――和算に現われた国民性との関係について云々するよりも――何よりも先ず、明治以来、後進資本主義国として出発した日本が、今日においてもなお欧米の数学に学びつつあり、また学ばねばならないことを語るところの、厳然たる事実であると思う。

数学における日本国民性の探求――その正しくて、しかも精細な歴史的分析――は、われわれの関心の深い、しかしながらきわめて困難な課題として、将来に残されている。

この消極的な拙論が、「日本型ビーベルバッハ」出現の可能性に対して、もしいささかなりとも何らかの反省を与え得るならば、何よりの幸いとするところである。

（1）たとえば次の見解は、多少の暗示を与え得よう。もちろんそれだけでは不十分であるが。

日本においては、数学は主として、民間のギルド的専門家の手によって、術としての練磨・競争の下に育成された。これに反して、中国においては、数学の研究は主として天文・暦術・土木・税務など、各方面の官僚――それも多くは専門家でなく、儒学者などであったところの――の手にあった。そこに日本人との、数学に対する研究態度の相違があった。

（一九三五・九・一二）〔『中央公論』昭和十年十一月号所載〕

〔追記〕日本数学（および中国数学）の特殊性については拙著『日本の数学』（岩波書店、一九四〇年）及び『数学史研究』第二輯（岩波書店、一九四八年）を参照せられたい。

数学の大衆化

一

われわれにとってもっとも重大な課題の一つは、「いかにして、人間の物質的ならびに精神的生活を豊富にするか」という問題である。それがためには、文化の水準を高め、科学を大衆のものとしなければならない。ここに数学が、なぜに大衆化されねばならぬかの、根本的理由がある。それで数学大衆化の問題は、実は、ひとり数学だけを切りはなして、考えてはならないのである。大衆は、精神的にも物質的にも、真に文化的な生活を拒まれている。それなのに、彼らに向かって数学のみを供給しようとするのは、ほとんど無意味に等しい。数学の大衆化の問題は、「人間解放のための、広汎な文化問題の一環として」、採り上げられなければならない。

また数学の立場から見るとき、いかに高度に抽象的な数学の研究といっても、究極においては、人類の幸福のためのものである。もし数学をもって、数学者ないし少数者の独占に帰せしめ、大衆の支持・後援を断ったとするなら、どうして数学の健康な進展を期待しえられよう。かくて数学の堅実な発達のためには、その根底において、数学の大衆化に待つところがなければならないのだ。

とくにわが日本の現状を見るがよい。一方においては、科学の伝統が日なお浅いがために、他方わが社会状態の反映として、国民大衆の間には、生活についての科学的認識が薄弱であり、科学的精神が深く浸潤していない。この科学的精神の普及・涵養のためにも、また滔々たる非合理的精神の重圧に抗するためにも、数学（一般に科学）の大衆化の提唱は、今日の課題として、十分に意義を持つものと思う。

二

しからば数学の大衆化とは、実質的にはいかなることであろうか。

そこには種々の要望があるように、私には理解される。たとえば、

(1) 学校などで与えられた数学的観念・方法が、ほとんど身についていない。それで日常生活に対しても、直接間接に、ほとんど数学の利用ができない。だから、現実の事象を科学的に考察し、生活を数理的に処理しえるようにしむけることが、数学の大衆化の一方面である。

(2) 農民、工場労働者、商人等々としての、大衆の職業に必要な、技術としての数学が要求される。かような知識の普及、さらに進んで、より高級な数学の通俗化が望ましい。

(3) 単なる個々の特殊知識でなく、数学の構造・本質を、その発達の歴史を通じて、生産技術、他の諸科学、一般文化、社会機構との関連において理解させる、啓蒙的著述が望ましい。等々。

いずれにしても、これらの要望は、合理的でもあり、また健康的でもあると思われる。

これに反して、数学的知識とはいうものの、その中には大衆の要望しない性質のものも存在する。それは大衆の生活、自然・社会の現実から、あまりにも遊離したところの、単なる断片的知識の蒐集や、有閑的・遊戯的な数学を指すのである。大衆は、かような数学を、本能的に反発するだろう。

もとより、かような数学、たとえば数学遊戯のようなものも、学問上、それは決して無価値であるとは、いいえないのである。とくにそれは、数学の興味を喚起する上に利用されうるし、また適当の方法によれば、それからきわめて有意義な数学的思考を、誘導することができる。[1] この意味において、数学の大衆化のために、数学遊戯を利用しようという意見も、またその具体的実践も、事実おこなわれているのである。

私は必ずしも、かような見解を否定するものではない。それどころか、学校や青少年の教育においては、十分にその価値は、認めるものである。しかし成人の教育にあっては、何よりもまず、生活や自然・社会に触れるところの数学が、第一に採用されなければならない。大衆化の材料として、数学遊戯のようなものは、ぜんぜん第二義的なものである、と私は信じている。

かような考えのもとに、われわれは「数学大衆化の基本原則」として、つぎのように規定したいと思う。

「なるべく日常的・具体的・現実的な事象を通じて、一般的な法則性の獲得にまで進むこと。特殊的な計算技巧の習得は、ある職業に対してはもちろん必要であるが、しかしそれだけではははなはだ不十分である。それを乗り越えて、事象の観察からその間の関連に注意し、合理的取り扱い、数学的考え方によって、その関係を探求し、表現し、確定することに努力する。かくて一歩一歩、科学的精神涵養の線に沿うて、深く進むべきである」

（1）たとえば、整数論における方陣や、トポロギーにおけるオイレルの橋の問題など。

三

読者は、卑見があまりにも平凡なのに驚かれるかも知れぬ。そしてそんなことなら「現代における数学の大衆化が、なぜ不成功に終わっているのか」の理由について、疑問を抱かれるかも知れないのである。それは、私の見るところによれば、

(1) 今日の学校数学は、なによりもまず、非現実的である。それどころか——あるいは、それなればこそ——学校数学は精神的陶冶のためにも、決して成功しえない状態にある。年少時代の学校数学に好意を持ちえなかった大衆は、特殊な専門家でないかぎり、みずから数学書などを読む気にならないのは、当然のことといわねばならぬ。彼らはうそぶいていうだろう。——「数学は試験のためのもので、生活のため、教養のための学問ではないのだ」と。

(2) どこを探し求めても、大衆向きの興味ある数学的読物などは、ほとんど絶無である。そうとうに大きな都市でさえも、書店に陳列する数学書といえば、受験物ばかりである。もしも万一

そうでなかったなら、それは子どもだましの本か、怪しげな数学史か、そうでなければ、手のつけようもない専門書であろう。

これと関連して、数学者の社会に対する無関心が、指摘されなければならないと思う。もしも数学者が、日ごろの数学の言葉をもって大衆に語ったならば、大衆はなんらの興味をも覚えないばかりか、ほとんどなんらの理解もできないだろう。数学者が真に衷心から、数学の大衆化を企てるなら、まず彼自身を一応、数学から解放する覚悟を必要とする。

しかしこの決心が、現実の問題として、どんなに困難なことであるかは、つぎの例からでもわかるだろう。現代日本の高等学校文科の数学教育は、われわれの考えつつある数学の大衆化に比べるなら、ほとんど比較にもならないほど、容易な問題であるはずだ。しかもこの文科の数学は、数学専門の教授連のもっとも困難とするところだ、といわれている[1]。私の見るところでは、それは数学の教授その人が、あまりにも文化科学に対して無知であり、文科生の意向・要望を、十分理解しえないからだと思う。事実、今日大多数の数学者は、文化科学の教養において、高等学校文科生に劣るどころか、自然科学そのものの教養さえも、怪しまれるくらいなのである。

（1）たとえば、吉江琢児博士、高木貞治博士、田辺元博士の講演集『一般的教養としての数学について』（昭和十一年、岩波書店）を見よ。*

*〔追記〕私がここに、この有力な諸家の講演集を引用したのは、必ずしも、その内容を適切と考えるためではない。むしろ諸家「独自」の意見の間に、何らの一貫した統一性もないこの書物を、読者諸君の批判の一資料に供したいからである。

四

さて数学の大衆化を、系統的にかつ合理的に実行するに当たっては、まずその前提として、大衆の個人的ならびに社会的生活の科学的・数学的分析が、おこなわれなければならない。じつは、それがおこなわれてこそ、初めていかなる数学的要素が、大衆に向かって真に必要であるかが、科学的に判定されるはずなのである。ところが不幸にして、今日の状態では、信頼するに足るようなこの種の研究は、いまだおこなわれていない。のみならず、たとえば常識的にせよ、数学の大衆への接触面を明らかにしようとする統計的検討さえも、初等・中等教育者以外からは、いまだほとんど試みられていない現状にある。[1]（私は数学の一小学徒として、深く自ら恥じなければならない。）

それ故にわれわれは、ここでは単に常識的なプランを示すに止めなければならない。それはきわめて平凡ではあるが、しかし基本的なものと私には考えられる。（一般的図書館および科学図書館の設備などについては、ここに詳述の余裕がないのである。）

一　数学の大衆化といっても、それは学校数学の上に立っている。この厳然たる事実を忘れてはならない。この意味において、われわれは優秀な――科学的精神に充ち満ちた――教科書および参考書の著作を、切望しなければならない。これはどんな意味においても、絶対的に必要なことである。

二　興味ある生徒の科外読物および大衆的な読物。それは数学（ないし科学）発展の歴史的過程を通じて、数学の意味・構造を明らかにし、科学的精神を開発するようなものでなければならない。

三　やや高級な数学の平易化。これは、いちおう、

(1)　一般的な数学的観念・方法・考え方の普及。

(2)　個別的職業によっての特殊的数学への進出。

この二つに区別して考えられるが、しかしこの二つは必ず、ある程度までは、統一されなければならぬ。大体論としては、特殊的な事柄を通じて、一般的理論をも理解させ展望させる方が、大衆向きであろう。

人はしばしば、微積分学の平易化を目して、数学の大衆化と称する。いかにも微積分は、近世数学のもっとも特徴的なものの一つであって、近代の科学・文化を理解するためのよい武器である。それについては、なんの疑いもない。ただ現代の数学には、平易化の望ましい、いろいろの分野が他にも存在する。微積分を高等数学だと考えることそれ自体が、じつはどうかと思われるくらいなのだ。

しかしながら、ここには一つの大きな問題が横たわっている。それは、微積分その他のいわゆる高級な理論を大衆化するというのは、その観念・方法を、少なくともある程度まで理解させて、それを大衆の血肉とすることである。こういった点から考えれば、もっとも高級な理論の大衆化こそ、もっとも望ましいことはもちろんである。けれども実際の事実として、理論が高ければ高いほど、その大衆化のためには、いっそう細心綿密な注意と、いっそう深い教育的技術を要する

ようになる。それでせっかく高級な理論を、単なる誤解や、中途半端な了解に終わらせては、文化的装飾としての紳士的教養にはなるかも知れぬが、大衆の実践のためには、ほとんど何の役にも立たないだろう。――ここに問題があるのだが、それはけっして機械的・公式的に解決されてはならないと思う。

それだから場合によっては、たとえきわめて初等の理論でもよい、それを自由に活用しえるようにした方が、事実、どれだけ効果が多いか知れないのだ。元来、「初等」というのは、一面において、「基本的」という意味である。初等のものを、低級と解するのは、専門的迷信にほかならない。

かようにして私は、ますます大衆化のむずかしさを思う。その任に当たるものは、立派な数学者たるのみならず、それは科学的精神に徹したところの、練達の士でなければならないのだ。

それなればこそ、先進諸国においても、大衆向きの数学書がかなり公にされているにかかわらず、あまり成功したものも少なく、典型的な好著の存在さえも、じつは疑わしいのである。この意味において、今日はまったくの模索時代なのである。私は種々の異なる角度から、いろいろの違った方案が立てられ、各種の著作が厳密に批判・検討されることを、衷心から切望するものである。[2]

しかしいずれにしても、数学者自らが、大衆の身になって、大衆の要望を詳しく研究しなかったならば、数学の大衆化は不可能に終わるだろう。――私はここに、最初にしてしかも最後の鍵があると思う。

(1)たとえばSchorling, *A Tentative List of Objectives in the Teaching of Junior High School Mathematics* (1925) を見よ。

(2) 前掲の吉江博士の講演には、つぎの著作が挙げられている。
J. Tannery, *Notions de mathëmatiques*(ドイツ訳 Tannery-Klaess, *Elemente der Mathematik.*)
Clifford, *The Common Sense of the Exact Sciences*(故菊池大麓博士訳『数理釈義』)
中村清二博士『自然と数理』
このほかにも、広く読まれる本としては、
Rademacher-Toeplitz, *Zahlen und Figuren*〔山崎三郎訳『数と図形』――追記〕
Whitehead, *Introduction to Mathematics*〔河野伊三郎『数学入門』――追記〕
などを挙げるべきであろうか。工場関係者に対しては、
ペリー『初等実用数学』(故新宮恒次郎氏訳、山海堂)
はどうであろうか。また徳川封建時代を記念すべき、農村の数学、たとえば、
秋田義一『算法地方大成』(天保八年)
の類は、今日どのように批判せらるべきものであろうか。

五

小学校や中学校にあっては、年少の生徒が社会的・経済的事情に通じないという理由で、かような方面の事項は、数学科においてわずかばかり取り扱われるに過ぎない。そういうことは、いかにも年少者の教育に対しては、合理的であるだろう。しかし成人に対する数学の大衆化にあっ

ては、事情がまったく一変する。ここではかような方面の数学こそ、十分に取り扱われなければならないのだ。そして統計法などは、そのもっとも一般的に重要なものの一つであろう。

われわれの手には、生産指数、賃金指数、失業指数、物価指数、内外貿易、鉄道運輸、犯罪、租税、貧民救助、等々の統計がある。――

「これらの統計をグラフに直し、そのグラフの特徴を注意して研究し、二つの事象の間の相関関係を探求し、時日に従って変動する状態を研究することは、われわれが現在採用するすべての方法を総合するよりも、より多く数学を教え、より多く近代社会に関する知識を教えてくれる。」

とは、じつに数理哲学者ホワイトヘッドその人の言葉ではなかったか。

私はもう一つ、わざときわめて特殊な例を加えよう。わが国の無尽(むじん)は、庶民大衆の金融機関として流行している以上、その科学的研究は国民大衆の生活にとって、必須なものでなければならないはずである。それにもかかわらず、無尽の実状を見ると、多くはただ従来の慣習にとらえられ、はなはだしきは不合理の掛金さえも、事実おこなわれている場合がある。しかも驚くべきことには、これまで、無尽の確乎たる合理的基礎の探求も、また科学的な検討も、いまだ十分におこなわれていなかった、ということである(1)。

じっさい今日のように困難な時代に際しては、たとえば無尽のような、直接に大衆のためとなる数学そのものが、数学者の手によって研究され、普及されねばならないと思う。しかもかように特殊なテーマの数学的扱い・科学的考察・歴史的研究からも、一般的な数学の方法に通ずることができるし、科学的精神を涵養することが、十分に可能なのである。

思えば、わが日本において、計算尺や方眼紙を普及させた人びとは、数学者ではなしに、技術者であった。私は不幸にして、明治維新以来、わが大衆のために戦ったところの、有力な数学者があることを聞かない。

もしも単なる数学の「技師」でなく、真に正しい意味での科学者であるならば、真理を目ざす知能活動を、人間解放の目的にまで高めなければならない。

（1）瀬底正雄氏遺稿『無尽数学』（昭和十一年、全国無尽集会所）

（一九三七・三・二三）〔第一書房『実践教育講座』昭和十二年六月所載〕

〔追記〕この問題については、後にもっと具体的に取扱った論文「科学大衆化の意義」がある。

科学大衆化の意義

一

わが国では、数年前から、科学的精神の問題が提起されていたが、今やようやく科学の大衆化が、具体的に実践される時期となって来た。

じつは、後にも述べるように、科学の大衆化ということは、ある限定された意味では、そうとう古くから実行されていたのであった。しかし、今日にあっては、わが日本の進展のために、国民の科学的水準を高めることを必須とする、というような、広くかつ真剣な課題として、国民大衆の前に提唱されるに至ったのである。

ところで、一口に科学の大衆化といっても、それには種々の違った解釈がありうるし、したがってその実行については、いろいろの手段や行き方が許されるだろう。しかもそれらは、単なる議論ではなしに、実行の問題なのであり、もしもその方法を誤まるときは、無意味どころか、かえって有害に陥る危険さえもあるかと思われる。私はこの大衆化運動の影響するところ、わが日本の将来にかけて、そうとうに大きなものがあると思うので、ここに一応の検討を加え、多少の卑見を述べてみたいのである。もっとも叙述を具体的にするために、実例として、手許にある新しい数学書を主として挙げることにしたが、私の論旨は、けっしてひとり数学の大衆化に限定するつもりでないことを、あらかじめお断わりしておく[1]。

(1) 図書館や科学博物館などの問題については、しばらく本論文の外におこう。

二

まず従来の科学の大衆化とは、どんな性質のものであり、そしてそれがどんな仕方でおこなわれたか。

そこにはおよそ二通りの行き方があったと考えられる。すなわちその第一種は、文字通りの意味での、高級な(あるいは高級とおもわれる)科学の平易化であり、第二種は、興味本位の科学的読物である。

さてこの第一種は、科学の大衆化のもっとも原始的な意味のもので、その科学の概念と方法を、ある程度までは誤りなく理解させ、少なくともそれを大衆の精神的な糧とすることなのである。

実はかような大衆化への予備工作は、少なくとも中等学校にあっては、学校教育の任務の一つであるべきはずなのであるが、不幸にして現実の状態では、それはほとんどまったく失敗の状態に終わっている。その結果として、大衆化の意味から考えれば、もっとも優秀な、もっとも斬新な理論などの大衆化こそ、もっとも望ましいものであろうが、それは専門的教養を経ないかぎり、非常に困難であって、ほとんど不可能に近いのである。

私は、十数年以前に、中学校卒業程度の人びとのために、『統計的研究法』（積善館、大正十四年）を書いた時の苦心を、今でもありありと思い浮かべることができる。ごく初歩の統計法のような、いわば低級かと考えられるものでさえも、すでにさようである。まして解析幾何や微積分の意味も解らない、力学や物理学などの素養のない人びとに対して、相対性原理や量子論などを説いて、理解させることが果たして可能であるだろうか。物理学のやや学問的な教養をもたない人で、たとえばブロイの『物質と光』（河野与一氏訳、岩波新書、昭和十四年）や、アインシュタイン、インフェルト共著の『物理学はいかに創られたか』（石原純氏訳、岩波新書、昭和十四年）を、正しく理解しうる人があるなら、それはむしろ奇蹟的だといってよいと思う[1]。

もし高級な理論を説いて、何も解りもしないのを解ったつもりにするといった、それこそ非科学的な逆効果に終わらせないためには、異常に細心綿密な注意と、深く優れた教育的技術を必須とする。それは学者がなぐさみにやるような仕事ではなく、非常な決心のもとに、まさに血をもって書くべき仕事なのである。

じっさい、不幸にも、わが国には、かような高級理論の大衆化を全うするための基礎工事が、しまだでき上がっていない。そこにあるところのものは、無味乾燥な詰め込み主義の教科書か、しからざれば高踏的な専門書ばかりなのだ。この欠陥を埋めるような基礎工事こそ、現下の急務だと考える。それで私は、場合によっては、いたずらに高級な理論よりも、たとえ初等の理論でもよい、それを読者が自由に活用しうるようにした方が、大衆化のためにはどれほど効果的であるか知れない、と思うのである。よく考えてみると、「初等」というのは、一面では、「基本的」という意味ではなかったのか。初等のものを卑俗とばかり解するところに、専門家的迷信が存在する。

ところで一方、わが国の科学ジャーナリストと呼ばれる人びとの間には、いたずらに尖端的な発明などばかりを紹介し、これをもって大衆化であるかのように考えているらしい人びとがある。私は新奇な発明の興味ある紹介に対しても、十分な意義を認めるものではあるが、しかしそれを真に価値あらせるためには、紹介の態度に、深い注意が払われなければならないと思う。私はこれらの人びとに、とくに慎重な反省を要望するものである。

（1）これらは、自然科学の学生か、高級知識人向きの書であって、一般的な素人向きの本ではないのである。

三

普通おこなわれている第二種の大衆化は、年少生徒の課外読物ないし大衆的な読物として、興味ある科学上の諸題目を提供することである。具体的な自然観察による生物学や地球物理学などの方面では、割合に適切な題目もえられやすく、そういう優れた読物もおこなわれているようである。けれども数学のような種類の学問になると、事情はよほどちがってくる。

この方面の数学大衆化では、数学遊戯とか奇妙な数値とか、数学者の逸話など、興味ある断片的事項を集めたものが、広くかつ盛んに行なわれている。たとえば藤村幸三郎氏（実業家）の『最新数学パズル』（研究社、昭和十三年）、藤原安治郎氏（小学校の先生）の『趣味の数学教室』（研究社、昭和十四年）から、吉岡修一郎氏の『数のユーモア』（誠文堂新光社、昭和十四年）、またいくぶんか性質を異にした、程度の高いものでは、同じく吉岡氏の『数学文化史』（河出書房、昭和十三年）や、竹内時男氏の『百万人の数学』（三教書院、昭和十四年）などがある。

さてかような大衆化は、いったいどんな意味をもつのであるか。まず程度の低い読物の狙うところは、年少生徒に対する教育的効果である。すなわち児童少年の数理思想を養成するには、なによりも彼らをして、数学に興味を持たせることが、先決問題である。ところで、遊戯や逸話は、数学の興味を喚起するに足るのみではない。児童数学にあっては、実はそれが本質の一部なのである。

またかような立場から見るなら、物語は短かくまとまったものの方が、一般的には効果的であり、長たらしい系統的な話は、必ずしも児童の心理に順応するものではない。児童にとっては、系統的な読物よりも、むしろ興味ある断片的なものが――少なくとも数学にあっては――喜ばれる。かような意味で児童向きの読物が作られ、それを（あるいはそれに類似のものを）、児童の父兄が読んで、自ら啓発もされ、子弟の数学に関心を持つようにもなる。ここに第二種の数学の大衆化が存在する意義があると思う(1)。

知識人の中には、かような大衆化を蔑視する人びとがあるかも知れない。けれども、もしも学問の真に大衆的な普及を心から念ずるならば、この方面も十分に重視されなければならない。私たちは徳川時代の初期における吉田光由（みつよし）の『塵劫記（じんこうき）』（寛永四年、一六二七）の異常な成功や、また中根法舳（ほうじく）の『勘者御伽双紙（かんじゃおとぎぞうし）』（寛保三年、一七四三）の意義を、忘れてはならないだろう。

私は竹内時男氏の『百万人の数学』が、知識人のために書かれたものとは信じない。この書物が、あまりにも無系統・無統一だというので、学者や知識人の間に酷評されながらも、他方、興味ある多くの題材を供給するという意味で、かえってまじめな小学教師の間に支持者を見出だす理由も、私にはよく理解されるのである。思えばよいにせよ悪いにせよ、わが国の数学を、とにかく今日まで、支持し普及させて来たのは、専門家以外には小学教師であって、いわゆる知識人ではなかったはずである。

さればといって、第二の国民のより健全な発達を、祈らないものがあるだろうか。私たちは単なる思いつきによる、偶然的な資料の蒐積に満足していてはならない。私たちは科学的精神の旗のもとに、もっと整頓された、もっと合理的な目標を指して、前進しなければならない。切に有力な専門家の参加協力を期待するゆえんである。

（1）この方面で、いつも問題になるのは、少年児童の興味と心理に順応して、どんな史実を、どの程度まで正確に、採り入れるべきかということである。科学史は、資料研究においても、そうとうの速さで進歩しつつある。ところが、現在の日本では、往々にして、あまりにはなはだしい誤謬に満ちた、まったく時代おくれの、少年用数学史が見出だされる。いやしくも、第二種の大衆化に志す人びとは、この点にも深い注意を払われたいものである。

四

さて以上の二種は、そうとう古くからも、すでにいろいろと試みられてきた大衆化であった。ところが、現今の日本では、さらにそれ以上に進出した、新しい種類の方案が要望されるに至ったのである。

まずその一つは、日常生活を中心として、現実の事象を科学的に考察し、生活を科学的に処理しうるように、しむけようという試みである。これを第三種の大衆化と呼ぼう。

じじつ、今日の現状では、初等・中等諸学校などで教えられた、数学や科学の観念・方法が、ほとんど身についていない。それで日常生活に対しても、直接間接に、数学や科学を利用しえないところに、この種の大衆化を必須とする理由がある。したがってその程度は低いものであってもよいが、それは広く一般人を対象とするところに、重点がおかれなければならない。

わが国では心ある教育者、とくに小学校の熱心な先生方によって、算術の生活化、児童生活の数理的指導ということが、二十年来叫ばれもし、ある程度までは実行されてもきた。それなればこそ、とにかく文部省の革新的な『小学算術』（いま五学年用までできている）の出現にまで、到達しえたのである。私たちはこの精神をいっそう鮮明な旗印として、国民大衆の間に広く深く行きわたらせる必要がある。私の『家計の数学』（岩波新書、昭和十三年）は、かような精神で書いたつもりであるが、あの程度のものでさえも、高等女学校出の主婦たちには、往々にして、むずかし過ぎるという批評を聞いて、ただ微力を嘆ずるよりほかはないのである。

それにつけても遺憾なのは、中等学校の現状である。科学の大衆化・生活化を阻害する根本的原因は、実にそこで育成されるといっても、過言ではないと思う。現に岩本俊千代氏（東京高等師範学校付属中学校の先生）のような実際家が、現下の中学校数学教育に対して、はっきりと次の批評を下しているではないのか。[1]

「如何にすれば生徒の心的発達に応ずるかと云う問題の解決は、……、可なりな程度にまで到達せられる。しかし、最も困難な問題は、実用的立場に立っての改良である。その最も強力な原因は、（教師）自分が、その解決に必要な素養を欠くということにある。そして此の急所に触れて来る問題は、暗々裡に蔑視して、それを廻避する。……」

こういう現状において、いかにすべきであるか。岩本氏はつづける。

「……社会が如何なる幾何を要求しているかを探求すべきである。……それは決して、……与えられた幾何教授それ自身の内から、決定されることではなくて、われわれはそれから脱出し、素直な心で、幾何を学ぶ必要性を求めることに、基準を置くべきである。与えられた農業の立直しを考えるとき、……農業は身体を運動させ、新鮮な日光と空気に触れ、大地の愛を感じなどという、効能を並べる人は居るまい。それよりも、農業が如何なる経済的一環を占めつつあるか、という観点から見直して、過去を修正しなければならないのであるが、これは幾何教授改良にも当てはまる。」

私は国民大衆の生活のために、何を採り入れるべきかを研究し、大衆の生活を深く掘り下げては、そこに科学的な見方・考え方・取り扱い方を発見する、そういうところにこそ、科学大衆化のもっとも重大な面が存在する、と考えるものである。もしいったん、かような意味での大衆化に成功するならば、その効果を基礎として、他の意味での大衆化へも、比較的容易に進出しえるだろう。これに反して、もしもかような意味での大衆化に失敗するならば、たとえ他の意味での大衆化に成功すると仮定しても、それは国民大衆の現実生活の地盤から、一応遊離したものである。それは文化的装飾として紳士的教養となるかも知れないが、大衆の実践のためには、直接にはあまり多くの役に立たないだろうと思う。

（1）岩本俊千代氏「幾何教授改良方針の探求」（『数学教育』昭和十四年十月号）

五

つぎには、いくぶんか高い程度の大衆化の問題に移ろう。それは専門的ではないにしても、明瞭な目標を持つところの、したがって、やや特殊的な意味をもつ大衆化である。私はこれを二種類に分けることができると考える。

すなわちその一つは、農民、工場労働者、商人などといった各種の職業について、それぞれその理解・向上・改善のために必要な、技術としての科学の普及である。これを第四種の大衆化と呼んでおく。

この意味での大衆化は、もとより職業的・技術的な内容には違いないが、しかしそれは単なる断片的知識の蒐積であってはならない。なによりも必要なことは、説明の親切に加えて、職業的技術への配慮と科学の精神とが統一されなければならぬ。それは単なる書斎のなかから、筆の先で書かれたものではなく、著者自らが彼ら職業人と生活を共にした記録であり、職場からの産物であることを必要とするだろう。

ところで、こういう書物はきわめて乏しく、たまたま存在するものは、簡潔で無味乾燥な教科書か、純然たる専門書に過ぎない。工学者ジョン・ペリーの『初等実用数学』（新宮恒次郎氏訳、山海堂、昭和五年）は、「数学教育改造十字軍」の主唱者たる著者が苦闘の記念品で、いかにも先駆者精神の溢れたものであるが、〔自習用の書物としては〕あまりにも未完成という感じがする。これをいっそう現代的に洗練しえないものであろうか。

徳川時代には、農村の数学に関心をいだいた和算家もあって、秋田義一（ぎいち）の『算法地方大成』（天保八年、一八三七）のようなものが出現したのに、「科学日本」を誇る現代において、農民とともに、工場労働者とともに、商人とともに呼吸し、彼らの身になって、衷心から科学の大衆化に志す人びとは存在しないのであろうか

六

もう一つ、第四種と同様にやや特殊的な目標をもつ大衆化でありながら、専門的でないものに、第五種の大衆化というべきものがある。それは個々の特殊的知識を要求するというよりも、むしろ科学の本質・構造を、その発達の歴史を通じて理解させ、生産技術、他の諸科学、社会思想などとの関連において、把握させようという試みである。

これはいわば知識階級向きの、いわゆる「現代的教養」の糧である。同時にそれは、現代にお

ける専門的科学教育の大欠陥――科学諸分科の孤立、社会の歴史からの遊離――を塡充するものとして、青年学生諸君の教養上、きわめて有意義な役割を果たすに相違ないのである。

有名なホグベンの『百万人の数学』（今野武雄、山崎三郎二氏共訳、日本評論社、昭和十四年）は、なんといっても、この種の代表的作品として、第一に挙げらるべき革新の書である。つぎに、題材の範囲はやや狭く、しかもホグベンと共通の点を持ってはいるが、すぐれた風格のある吉田洋一氏の『零の発見』（岩波新害、昭和十四年）も、――ある点では第一種に属するとも見られるが、――第五種に列すべきものであろう。（通俗的な読物ではあるが、一種の識見をもっている吉岡修一郎氏の『数学文化史』〔前出〕も、あるいは第五種に入れてよいかも知れぬ。）

かような意味での大衆科学書は、従来わが国にはほとんど絶無であった。知識人やジャーナリズムは、多分これらを高く評価するであろうし、実際またその評価に値するだけの新鮮味を持っているのである。しかしこの種の企ては、新しいものだけに、かなりの無理があり、しばしば説明のむずかしい個所などをば、わざととばすような不親切さも見出だされるのである。

それればかりではない。この種の大衆化は、実は本質的に、きわめて困難な仕事なのだ。それは、今日のような科学史研究の状態から考えたばかりでも、一種の冒険であることが解るだろう。現にこれらの書物には、しばしば史料の不注意からくる不正確や誤謬を含んでいる。読者はこれらの書物に盲従してはならないのである。

その上に、読者は、著者の抱く社会観・人生観に対して、批判の光を投じなければならない。誤まれる「現代的教養」は、むしろ有害でもあるだろう。幸いにもホグベン、吉田両氏の著は、共通の題目を採り上げている点があるので、その比較研究は、学生諸君にとって、あるいは一つの研究題目たるに値するかとも思われる。

私はかように、科学大衆化の方法を五種に分類して来た。もちろんこれで尽くされた訳でもないし、また違った立場からの分類も許されるが、ページ数の都合上、ここにはこれだけで止めておく。(1)

(1) なお、数学の大衆化の問題に関連した、他方面の事柄については、次の私論がある。
「数学の大衆化」〔本書に収録〕
「数学教育特に数学の大衆化に就て」(『大塚数学会誌』昭和十四年七月号)〔大塚数学会編『数学の本質』(甲鳥書林、昭和十九年)に再録〕
「専門教育に於ける数学の革新」(『東京物理学校雑誌』昭和十四年二月、三月、四月号)〔「数学教育刷新のために」と改題して、拙著『数学教育の刷新』(大阪教育図書、昭和二十四年)に再録〕

七

さて科学の大衆化には、種々の方法といろいろの行き方があることは、すでに私たちの見てきた通りである。それにしても、国民大衆の間に科学的精神を鼓吹し、ほんとうに事物を科学的に見、科学的に考え、科学的に取り扱うようにしむけ、それによって国民ぜんぱんの科学的水準を高めることをもって、科学大衆化の根本精神とするなら、それはなんといっても、まず国民大衆の現実生活を中心として、それと直接間接に緊密な関連をもつ方面から出発する。——少なくとも、その出発点だけは、必ずここにおかなければならないと思う。

それはひとり今日のような時代に際して、国民大衆の物質生活を合理化するために、必要ならばかりではない。そういう日常的な現実的な事柄をよく観察し、それらの間の関係に注意して、それを科学的に考え、科学的に取り扱う。そういう仕事をつづけている間に、国民大衆は科学的な考え方によって、事象の間の関係を探求し、合理的にそれを処理するようになる。かくてこそ科学的精神がもっともよく養われるし、もっともよく徹底するのであり、それがすなわち国民大衆の精神生活を、少なくともその一面を、高めるゆえんでもあるだろう。

この意味において、私は重ねて、第三種の意味での大衆化を強調したいのである。もちろん、それだけにとどまってはならないが、しかし他にどんな道があろうとも、それを抜きにすることは、断乎として阻まなければならない。そしてそのためには、科学者自らが、大衆とともに呼吸しなければならぬ。自ら大衆の身になって、大衆の要望をつまびらかに探求してこそ、科学の大衆化は、はじめて正しい出発を始めるのだと思う。

八

他方、私は読者諸君に対して、とくに切望しなければならないものを持っている。

科学の大衆化ということは、科学の性質上、どんなに平易化されたとしても、それはけっして、卑俗な意味での大衆小説などと、同一視されてはならないのである。読者諸君が科学の意味を理解し、科学的な見方・考え方・取り扱い方をわが物として、諸君の物質生活を合理化し、諸君の精神生活を向上させるためには、どうしても諸君が、謙虚に、そしてまじめに勉強するよりほかに、道がないのである。実にこの努力によってこそ、わが日本の科学的水準も高められるのであり、しかもこの方法こそ、科学的水準を向上するための、もっとも健全な道なのである。

しからばいかにして勉強するか。それはすでに小学校以来、諸君が熟知している通りである。ホグベンは、彼の『百万人の数学』の中に、正しくも述べている。——

「この書を読者がまじめに勉強するために読むときには、いつでもペンと紙、できるなら方眼紙と、鉛筆と、消しゴムを手に持ち、諸君が読んだすべての数値計算や図形を、自分で書いて見ること。どこの文房具店でも、方眼入りの練習帳を、ごく廉価で売っているはずだ。諸君がこの書から何を獲得されるかは、学習という社会的事業への、諸君の協力の如何にかかっているのである。」

学問の性質によっては、諸君は実験室なり、工場なり、博物館なりを、訪問されるがよい。私はわが国において、かような公開的設備のきわめて乏しいのを、はなはだ遺憾とするものであるが、もしも諸君にして、堅忍不抜の熱意を持たれるなら、心ある科学者は、必ず諸君のために、その門を開いてくれるだろう。

読者諸君。私たちは幸いにも昭和の御代に、日本国民として生活することの名誉を持っている。*学問を学び、真理の光に浴することは、私たちに許された権利であると同時に、科学日本を建設することは、また私たち国民大衆が負うべき責務ではないのか。今日では大衆向きの廉価な科学書も、ようやく多くなりつつある。もしも諸君にして、科学を求めてやまない不撓不屈の精神があるならば、心ある科学者は、必ずや諸君への協力を欣幸とするだろう。

（一九三九・一二・八）〔『改造』昭和十五年一月号所載〕

＊〔追記〕この文章は、いわゆる「紀元二千六百年」を祝賀する新年号に載ったもので、ここに「昭和の御代に、日本国民として生活することの名誉を持つ」という言葉は、そういった意味で書かれたのである。いわゆる〝収録の言葉〟の一つの見本として、保存しておこう。

自然科学と社会科学

日本におけるファッシズムは、「日本精神」の高調と「知識偏重」論の宣伝によって、さきには社会科学の研究を束縛し、今や自然科学に対しても——軍需科学、軍需工業の跛行的激励以外には——ある統制を加えんとしつつある。この際に当たって、われわれは科学的精神を明徴にするために、自然科学と社会科学の関連について考察することの、無用ならざるを思うものである。

一

現代にあっては、自然科学の特殊部門の間に、それら相互の関連が、見失われんとしているばかりではない。自然科学と社会科学との間には、ほとんど何らの連絡さえも、考えられていない状態にある。

もちろん、自然科学と社会科学は、研究の対象を異にし、従ってその間には研究方法を異にするものがある。しかもそれらの特殊的研究方法は、具体的知識の修得と相まって、相当の時間と努力とによって忠実に学び取るのでなければ、とうてい、的確に理解し得られるものではない。加うるに、最も不幸なことには、今日の教育状態においては、いたずらに断片的な事実や知識の蒐積のみが与えられて、科学を貫くところの科学的精神涵養の問題などは、かえってはなはだしく軽視されている。

それゆえに、その青年時代に自然科学（あるいは社会科学）に通じ得なかった社会科学者（あるいは自然科学者）が、後に必要に迫られて、自然科学（あるいは社会科学）を学ぶとしても、それは実際の事実上、決して容易の業ではないのである。

かかる困難なる事情の存在するにもかかわらず、われわれは自然科学者と社会科学者との精神的同盟の要を、強調せざるを得ない。――それほどにも、今日は科学者にとって重大な時機なのだ[1]。

（1）拙文「自然科学者の任務」（『中央公論』昭和十一年十二月号）を参照せられたい。

二

元来、われわれは一応、自然と社会を区別して考えるものの、実は、われわれの現実生活にあっては、自然から全然遊離した社会もなければ、また社会から全然遊離した自然も存在しないのである。

さて社会科学の対象たるべきわれわれの社会生活の根底には、生産関係、生産様式が横たわっている。そして生産関係、生産様式は、直接に生産技術と関連する。

しかるに生産技術は、一方において自然科学と離るべからざる関係にある。技術の発達と自然科学の進展が、いかなる交渉の下に、いかに交錯しているかは、自然科学史ないし技術史の、よくわれわれに教えるところである。

かくて技術を媒介として、自然科学と社会科学とは、何よりもまず基本的なる関連の下にある。

次に、自然科学といっても、それは決して自然法則の単なる蒐積ではない。自然科学は一つのイデオロギーである。

イデオロギーとしての自然科学は、歴史性、社会性を持ち、社会的制約の下にある。ここに自然科学と社会科学との、第二の関連が存在する。

試みに思想史の数頁を繙(ひもと)くがよい。――デカルト、ニュートン等の数学、力学が、フランスの機械的唯物論を生む上に、いかなる影響を及ぼしたか。ダーウィンの進化論が、社会諸科学の上にいかなる感化を与えたか。等々。

諸科学の歴史を通じて、その本質を探究し、深く科学の精神に徹底せんとする人々ならば、何(なん)人(ぴと)といえども、自然科学と社会科学との間の緊密なる関連に、大なる関心を払わざるをえないと思う。

三

しからば、自然科学および社会科学の研究に共通なる方法は何か。それについて二、三の注意を附加したい。

そこにはまず歴史的研究が挙げられよう。――たとえ自然科学者の中には、歴史的研究の意義について、何らの理解をも持たぬ者があるにせよ。

次に法則を求めるための手段として数学や統計法が利用される。ことに社会科学にあっては、自然科学におけるごとき実験――それは適当な条件を、ある程度まで人為的に作り得るところの――が、一般に困難なるために、大量観察によるところの統計的研究が、一層の重要性を加えざるを得ないのである。

時には類推が用いられる。たとえば、力学におけるモーペルチュイの原理は、元来神学に示唆をえて見出だされたものであった。また社会経済現象の説明には、力学からの暗示による考察がしばしば使用される。等々。

しかし類推は、最善の場合においてさえも、ただある種類の示唆を与え得るに止まる。表面上の類似が、必ずしも本質上の類似ではないのである。それゆえに、謬(あや)まれる類推の危険から免れるためには、一方において実証的なる考究を期すると同時に、他方においては、その基本的なる科学的理論が追求されなければならないのだ。

たとえば、統計法にいわゆる相関関係の測定のごとき、単に形式的なる計算のみからの断定の無意味について、われわれは深く注意せねばならない。かの経済現象における恐慌の周期を、あるいは太陽の黒点の周期に帰し、あるいは金星の地球に接近する周期に帰せんとする天文学的理論(?)のごときは、たとえその間には表面的なる類以性があり、またその推論の一歩一歩が、どんなにか科学的に見えるとしても、それはその根底において謬まれる、非科学的言説といわざるを得ない。そこには恐慌周期の歴史性が、全く無視されている。

かくて厳正なる批判的態度を採りながら、実証的にしてしかも合理性を追求する精神こそは、自然科学および社会科学を共に貫くところの精神であり、科学的精神の最も特徴的な部分なのだ。自然科学者と社会科学者とは、世界の両翼たる、自然および社会の科学を学ぶところの同胞であり、この意味において、彼らは一つの共同連帯的責任を持つものである。透徹せる科学的精神は、彼らの精神的結合の媒介者として、よき役割を演ずるだろう。

四

思えばわが日本の自然科学者は、さきにわが社会科学者の不幸に直面しながら、それを対岸の火災視していた。今や第二の不幸は、自然科学者自らの上に、降らんとしている。——今こそ、全科学者の精神的提携を必須とする時機ではないのか。

この際に当たって、われわれは何よりもまず、

「思想家と自然科学者の側における、不断の勇敢なる活動を激励し、……特に彼らが、新しい経済的諸条件——それは必然的に科学研究の進展を伴うところの——の研究に対して、より多くの注意を払われる事を切望せざるを得ない」*（一九三六年八月）イギリス化学会の決議）。

この重大なる時機においては、社会に関して何らの関心を持たず、「社会正義」のために戦わず、単なる科学「技師」たるに止まる科学者は——それは社会における自らの役割を理解しないとこ

ろの自然科学者に普通見られるのであるが――、往々にして無意識の裡に、自ら科学的精神を裏切り、科学進展のための敵となることに、深長なる反省を払わなければならない。

またある社会科学者の中には、同僚の数学的自然科学的知識の貧弱なるを利用し、社会科学としては価値少なきもの、あるいは反動的なるものの上に、数学などによる偽装を施し、何か高級にして独創性ある、天才的作品なるかのごとき錯覚を、人々に与えるものがある。たとえば一切の歴史性を無視せる、「公理経済学」(!) などと自称するもののごときは、有力なる経済学者の手によって、厳正なる批判が下されなければならないだろう。「公理経済学」は、私の素人眼によれば、恐らく現実の階級社会に於ける経済学ではないだろう。究極において、大衆の経済生活を幸福にするための科学であってこそ、それは初めて、「経済学」の名に値するものではないのか。

もしも単なる科学の「技師」でなく、真に正しい意味での科学者であるならば、真理を目指す知的活動を、人間解放の目的にまで高めなければならない。――この根本問題については、自然科学者たると、社会科学者たるとの間に、何らの差別もないのである。

〔附記〕心ある読者諸君は拙著『数学史研究』(第一輯) 及び『科学的精神と数学教育』(――とくにその中の「自然科学者の任務」――) を参考せられたい。諸君はそこに、この問題に関連せる多くの事実と感想とを見出し得るだろう。

(一九三七・八)〔『夕刊大阪新聞』昭和十二年八月九・十・十一日所載〕

＊〔追記〕この小文を公にしたのは、日華事変勃発 (昭和十二年七月) の直後である。わが国では、その前年頃から文化弾圧と文化統制とが進行し、社会的諸科学の研究はますます抑制され、多数の評論雑誌

や新聞は、廃刊を余儀なくされて来た時機であった。それで、ここに引用したイギリス化学会の決議文も、すぐその前に、次の文章があったのだが、新聞に載せるとき削除されたのである。「本会は、人類共通の本能に反する戦争を阻止するための、一切の団体的努力——その主要目的を、戦争それ自身の廃止におくところの——を支持する。この目的を達するために、本会は、」(これから引用文につづく。)

統計の話

一

近頃私は二、三の知識人から、しばしばこういう話を聞くのである。――「日本人はもっと数字に親しみ、統計的に物事を考えなければいけない。実際アメリカ人はなにかといえば統計を持ち出してくるが、日本人はそういう数字を十分読み取る素養がないために、物事を実証的に具体的に取り上げて、合理的に考える力に乏しく、話がとかく抽象的に流れがちで困る。この調子では、民主主義的な、科学的な国家を建設するうえに、いろいろの故障を来たすだろう。」

これはいかにも尤(もっと)もな意見である。じっさい私たちは、抽象的な長たらしい議論を聞くよりも、ちょっとした統計数字を読んだ方が、はるかによく判る場合があるのである。ちょうどいま手元にある『改造』（昭和二十一年）一月号の鈴木茂三郎氏の論文の中から、少しばかり統計数字を拝借することにしよう（左表）。もしもこの表に掲げている事実を、数字を用いないで、ただその意味だけでも、言葉で一々伝えようとするなら、どんなに冗漫な、しかも判りにくいものになるだろう。ところが、この表からなら、一目して、外(ほか)の議論さえもすぐにできるのである。例えば「労働者の栄養量は少くとも、太平洋戦争勃発の頃の栄養量まで、取戻す必要がある」等々。

労働者の栄養量（一日平均）
〔労働科学研究所　有本博士調査〕

	熱量（カロリー）	蛋白質（グラム）
昭和一五年一〇月	二、五七五	七八・八
一六年五月	二、四五二	八四・二
一七年五月	二、二〇二	八〇・一
一八年五月	二、二五六	七六・二
一九年一〇月	二、〇八六	七七・七
二〇年四月	二、〇八七	七三・一
東京都大人一日の配給量		
昭和二〇年六月	一、四三七	六五
栄養構成正常生活の水準〔厚生省発表〕	二、三〇〇	七七
栄養失調症の限界	一、八〇〇	

　かように数字は直接簡明に真理を語る。だから、本当のことがはっきりするのを怖れる特権階級などは、しばしば数字の発表を禁止したり、或いは数字を偽造して、人民を瞞着するのである。しかも統計の学問は、元来大量観察による集団の性質の研究であるから、ただ調査の面から考えて見ただけでも、人民大衆の協力がなければ、正しい統計が得られるはずがない。それで民主主義国家でなければ、統計学は十分な成

長を遂げ難いし、また逆に、民主主義国家においては、統計学は進展の可能性が多いわけになる。

現に今日統計学の最も盛んな国は、イギリス特にアメリカであり、十七世紀の中葉から最近まではなんといってもイギリスが、だいたいにおいて、この学問をリードしてきたといい得るだろう。それで私は民主主義ということを頭のなかに入れながら、統計学の歴史をざっと調べてみたいと思う。

二

周知のとおりイギリスの民主主義がその第一歩を踏み出したのは、十七世紀中葉の革命——一六四九年共和制の布告——による、議会政治の成立にはじまる。ところが一方、その後まもなく、グラントの『死亡表に関する自然的並びに政治的観察』（一六六二）、ペティーの『政治算術』（一六七一—七六頃、一六九〇、死後出版）、ハレーの死亡率の計算（一六九三）によって、イギリスの統計学は立脈な花を開いたのであった。これらの研究は、人口や経済上の現象を数字によって取扱ったものであり、一括して「政治算術派」と呼ばれるが、この系統こそは、公平に考えて、今日の統計学の中枢的地位を占めるものなのである。

この系統は十八世紀に入っても継続され、確率論の研究（ドモアヴル）とともに十九世紀に伝わったが、経済学者、遺伝学者、数学者等の参加によって、特に統計法——統計数値の数学的解析——の領域では、比類のない発達を示しながら（ジェヴォンス、エッジウォース、ゴールトン、ピーアスン、ユール）、二十世紀にいたった。

イギリスにくらべると、フランスの統計学は、その出発において非常な遅れを取った。なぜなら、十七世紀から十八世紀初葉にかけてのフランスは、民主主義的なイギリスとは反対に、正に絶対王政の時代であったから。現にヴォーバン元帥の著述（一七〇七）は、専制的王権の下にあるフランス国民の憂悶を、露骨に述べたからという廉（かど）で、公衆の面前で焼かれたし、ヴォーバンはルイ十四世の不興を蒙（こうむ）って、間もなく死んでしまった。ヴォーバンはこの書の中で、フランスの人口の推算をくわだてて、二千万人であるとし、「もしフランスが、もっと幸福な事情の下にあるなら、これより遥かに大きな人口を持つだろう」と述べたのである。

絶対王政の下では制度の批判や、社会悪にたいする療法の提案は、妨害され禁止された。あるものは秘密出版となり、ときには著者が外国への逃避となった。かような事情のもとに、フランスの統計学は永いあいだ、殆（ほと）んどなんの進歩も見せなかった。人民大衆が統計思想について盲目だったのも、当然のことであった。「国王が人民の数を知るのは、牧羊者が羊の頭数を知るのと同じくらい容易なことで、ただ知ろうと思いさえすればよいのだ」と思われたが、しかし実際にあたってみると、そうはいかなかった。人民は国勢調査を目して、新税への準備だと考えた。人口調査の問題は、一般人民の疑惑のために、大きな困難に遭遇したのであった。

フランスの統計学が進展をはじめたのは、十八世紀の中葉、人間解放の声が高く叫ばれた啓蒙思想時代からで、ドバルシューを先駆として、理論的にも実際的にも前進を示した。特に大革命時代の直前から、ナポレオン時代にかけての確率論の大成（ラプラース、ポアッソン）は、統計学の上に、直接間接に大きな影響を与えた。その感化のもとに育った、ベルギーのケトレーこそは、ベルギーの独立と議会政治の確立（一八三一）した頃から、政治算術と数学的理論との統一に志し、「社会物理学」の建設を唱え、人間生活のあらゆる方面に統計的方法を適用しようとした近代統計学の父とも呼ばるべき人であった。

ケトレーはその主著『人間について』（一八三五）のなかで述べている。——「私が本書において従事する研究の性質と、社会体制を観察する方法とには、なにか実証論的なものがあって、一見一部の人たちを驚かすかもしれない。ある人たちは、これに唯物論的傾向を認めるだろう。……唯物論であるという非難は、およそ学問が新生面を開き、学者が旧来の陋習（ろうしゅう）を打破して新しい道を開拓しようと努める際に、極めてしばしば、また極めて規則正しく繰返されて来たところであって、これに答えるのは、ほとんど無用のことに属する。殊（こと）に、もはや鉄鎖と刑罰とが取り上げられてしまっている今日では、そうである。」当時新興の統計学と民主主義との関係も、この言葉の中に十分深く暗示されているではないか。

その後におけるフランスの統計学は、イギリスほど活発な進歩を示さなかったが、しかしその学問的傾向は、イギリスとほぼ同様であり、殊に近年は確率論の方面で、いちじるしい進境を示すにいたった。

アメリカの統計学はイギリス系統のものであり、二十世紀に入ってから、大きな飛躍を遂げた（アーヴィング・フィッシャー、ムーア、リーツ、パースンズ）。現に輓近（ばんきん）数理統計学の尖端に立つ少数例の理論は、主としてアメリカ（及びイギリス）の地で建設された（或いは建設中の）ものである（ゴッセット、アルネ・フィッシャー、……）。

三

ところで、これらの民主主義的諸国の統計学に較べて、きわめて異色のあるのは、ドイツの統計学でなければならぬ。まず最初ドイツに栄えた「統計学」というのは、今日私たちの普通に意味する統計学ではなく、いわば国勢学のことであった。代表的なアッヘンワール（一七四九）のいうように、統計学は国家公共の要務に当たる者のために、「国家における重要な事象」を記述した学問で、政治算術などはその関わり知るところでなかったし、今日の意味における統計的観察さえも、この学派の著述には見られなかった。それは専制政治のもとで、資料の入手が困難だったというばかりでなく、学問それ自身があまりにも封建官僚的だったのだ。ドイツで統計学の名を政治算術に与え、国勢学を統計学の埒外に放逐したのは、じつに十九世紀も中葉にはいってからであった。

その永い年月の間には、たとえば十八世紀の中葉における、ジュースミルヒの人口統計のような、政治算術的研究も現われたことは、事実であるが、しかしなんといってもドイツの統計学は、官僚的であった。この傾向は、十九世紀末から二十世紀におよんでさえも、明瞭に残っている。もちろんそこには多少の例外——たとえばレキシスの分散の研究——を許すが、しかしゲオルグ・フォン・マイヤーを中心とする正統的ドイツ統計学は、できるだけ多くの実地調査をおこない、その数字にたいしては初歩的方法を適用するにとどめ、そして実質的内容は貧困でただ徒ら(いたず)に観念論的な「統計学」の体系的建設を志したのであった。それは明らかに、英米流の「統計法」

に対立するものである。ドイツ・ナチスは、いわゆる「ドイツ物理学」などといった自然科学（？）の建設には失敗したが、観念論的な、官僚的な「ドイツ統計学」は、ナチス以前に既に一応成立していたと、見做してもよいだろう。

四

ところで、後進国たるわが日本でも、近年来統計学の研究は、ようやく盛んになりつつある。専門的研究団体は増加し、専門的刊行物はめだって多くなり、戦時中には統計数理専門の研究所が設立された。一方、国民学校（小学校）ならびに中等学校では、数年前から算数科や数学科の中で、かならず統計を取扱うことになっている。いまや民主主義的・科学的文化国家を目指して前進しつつある今日、人民大衆の間にも真に民主主義的な、科学的な統計思想を、でき得るかぎり急速に、広く普及させなければならぬ。現にアメリカでは、賃銀や生活費等の統計的調査のために、労働者側でも研究機関を持っているのだ。

ちょうどここまで書き上げて来たとき、私の孫たちが二、三の友人と一緒に、庭先きで、「闇屋ごっこ」をやっている。国民学校一年生の孫が、「百匁（もんめ）五十円の牛肉！　五十匁で二十五円！」などと叫ぶ声が、よく聞えてくる。思えば子供たちに、生きた数字を、自発的に取扱わせることは、そう簡単にいつでもできることではないのである。私はいわゆる道義の名のもとに、子供たちの「闇屋ごっこ」を止めさすべきであろうか。それとも数理思想発達の一助として、笑ってこれを見逃すべきであろうか。

（一九四六・三）〔『太平』昭和二十一年六月号所載〕

文学と科学

小説発生時代の科学について

自然科学といえども、文学と同様に、人間社会の産物である以上、ある一定の時代に於ける文学と科学との間には、何等かの意味での関聯を持つに相違ない。（ゾラの小説とクロード・ベルナールの生理学との関係のようなのは、あまりにも意識的な場合であって、それはむしろ例外的な事実に属する。）私はかような関聯を探求する一つの試みとして、厳密な意味での小説が生れた時代――十八世紀中葉のイギリス――に於ける自然科学と小説とを比較してみたいのである。

私はまず小説の発生について、Long, "English literature" の語るところを聞こう。[1]一七四〇年リチャードスンの『パメラ』の刊行されるまでは、真の小説は現われていなかった。（ここに真の小説というのは、平凡な人間生活の話を調べの高い情緒で語り、創作的興味を波瀾や冒険に向けず、自然の真実さに根ざした物語を意味する。）リチャードスン、フィールディング、スモーレット、ゴールド・スミス等の諸作家が、かような文学を発展させた結果、従来殆(ほと)んど文学に無関心であった民衆の間に、異常な興味を目ざめさせた。前時代においては、大抵の作家は主に上流階級のためにのみ著作したが、十八世紀に至って一般教育の普及と、新聞雑誌の創刊とが、著しく読者の数を増大させ、同時にイギリスの中堅を占めるに至った中流階級即ち新しい有力な読者層は、彼等の理想――十八世紀の民主主義の理想――を表現した文学を要望した。そこで小説が生れたのである。

さて、小説を生んだ社会的環境は、新興商工階級の擡頭と民衆の読書力の増進の結果、通俗科学書刊行普及を促した[2]。それは当時の（極端な宗教政策のために）低下した大学と中等学校の科学教育を補い、広い読者層の間に科学知識を浸潤させたのである[3]。

ところで当時の伝統的科学といえば、主としてニュートンの遺産である数学と物理学であったが、イギリスの学界は数学、力学、光学の研究に於ては、到底ヨーロッパ大陸のそれに較べることが出来なかった。しかしながら、科学が広い層の間に及ぼした結果は、遂にニュートンの伝統の外に、新らしい科学への道を拓かせることになった。

即ち今やニュートンの数学・力学を固守するアカデミックな科学の外に、ホークスビー、グレー、ワトソンのような電気学上の先駆的研究や、ニューコンメンの蒸気機関のような発明が生れて来た。特に産業革命の開始に伴って、民間発明家の手によっていろいろの機械が発明され改良される。ハーグリーヴスの多軸紡績機、ワットの蒸気機関、アークライトの水力紡績機等々。それと平行して今や熱学、電気学、化学に関する実験的基礎工事――ブラッグの熱の研究、キャヴェンディッシュの水素の発見、電気力の法則の決定、プリストリーの酸素の発見などのような、ようやく本格的な諸研究の開始を見るに至ったのである。

思えば十八世紀のイギリス科学は、産業革命に伴った機械技術の躍進と同時に、十九世紀に開花する電磁気学、熱学及び化学の準備時代であった。それは古典化されたニュートン力学から、市民の科学への推移を物語るものとして、特殊の意義を持つのであり、文学に於ける小説の発生に照応するというべきであろう。

(1) 木村毅『小説研究十六講』(新潮社、大正十四年)、一六頁より抄録。

(2) 一七二〇年頃から、科目の諸題目についての通俗的パンフレットが、書籍露店や行商人などの手で、売りひろめられていた。最初の『技術・科学辞典』が印刷され(一七〇四―一〇)、大英博物館が建設され(一七五五)、『エンサイクロペディア・ブリタニカ』の初版(一七六八―七一)が現れた。さらに『レディス・ダイアリ』(一七〇四創刊)や『ゼントルマンス・ダイアリ』(一七四〇創刊)というような一般雑誌の中には、興味ある数学欄や科学欄を設けたものが生れてきたのである。

(3) この時代には素人科学者が沢山現われて来たので、野心ある初心者を教えたり後見して、生活を続けた有力な科学者などがあった。ドモアヴルのような人も個人教授をやったり、カフェーの常連に数学的な問題や謎を解いたりして生活したのである。確率論に関する彼の有名な研究は、かような「紳士」たちから提供された問題が成長した結果であった。

(一九四六・八・一五)〔『自然』昭和二十一年九月号所載〕

出発

日本の科学が、全面的に批判され反省されなければならない今日、私はここに明治十年代の東京大学における数学の出発を、ちょうどその時代のアメリカにおける数学研究の状態に比較して見たいと思う。

植民地時代にイギリス数学を伝えたアメリカは、独立の後、フランス数学を圧倒的に輸入したが、独立宣言以来半世紀を経て、政治の民主主義化が国内に普及発展を遂げた時期に、「アメリカ数学の父」ベンジャミン・ピーアスがハーヴァード大学の教授となって（一八三二）、ここにアメリカにおける数学研究の、基礎工事の第一歩が作られた。やがてバルチモーアに新設（一八七六）のジョンス・ホプキンス大学は、イギリスからシルヴェスター（数え年六十三歳）を聘（へい）し、一切の指導を全く彼の自由に任せたのである。

老天才シルヴェスターの活動は、有力な専門誰誌の創刊をはじめ、実に驚嘆すべきものがあった。[1] 彼は当時自ら没頭しつつある題目についてのみ講義した。有名な諸家の著述について講義すると称しながらも、数時間の後には、彼独自の研究に移って、諸家の著述は最後まで顧みられなかった。実際他人の論著を読むことは彼の苦手であり、それを全く彼自身の考え方に直してからでなければ、読み通せなかった。

彼はしばしば、定理などを記憶していなかった。或る日一人の研究生が一つの定理を述べた時、彼は「それは駄目だ、そんな定理は聴いたことがない」という。研究生は驚いて、それを説明した一論文を示したが、それは嘗てシルヴェスター自身が書いたもので、自分が見出だした定理であった。

彼は時々講義の中で、「私は今これを説明しなかった。しかしそれに相違ない。そこで、これからこう言うことになる……」と述べることがあった。ところが、次の時間になると、「この前確かだといったのは全く誤りだった。しかし気にかけるに及ばない。あれは実はこうなんだ」として、新しい発見が続々と示されるのであった。

彼は或る日どうしても論理的に証明することが出来ないで、直ぐ結論に飛び、その結論を講義の中で述べた。「諸君、私の結論が正しいことは確かである。私はこれに一〇〇ポンド賭けてもよい。そうだ、それに私の命を賭けてもよい。」

彼の講義は一般に前日か前々日かの思索の結果であり、時には今話している間に思いついたことであった。或ることを考える、それを教室で話す、それについて論文を書く。――かようにして彼はバルチモーア滞在の七年間に、六十七篇の独創的論文を書き上げた。その詰果として「彼に接したすべての青年は、このユークリッド（シルヴェスターを指す）によって、直ちにバルチモーアを新しいアレキサンドリアにしようと欲した。それは実にアメリカ数学の大きな覚醒であった。」アメリカの数学研究は、正しくここからその出発を始めたのである。

シルヴェスターがアメリカに渡った翌年（明治十）、わが菊池大麓はイギリスから帰って、東京大学における数学の中心人物となった。若々しいこの青年教授（数え年二十三歳）は、当時の大学に数学を講じた唯一の日本人であった。しかも彼はイギリスの伝統的な、旧い形式の解析幾何や微積分の練習問題に重点をおき、それは永い間つづけられたのである。「一週間に一遍位試験をされるのです。（菊池）先生は今度のは試験だ、今度のは演習だと言われるのですが、結局点数を取られるのですから同じであります。一週間に一遍位、この次の金曜日に試験をすると言われる。」[2]――これが日本の数学の新しい出発だったのである。

（1）Cajori, *The Teaching and history of mathematics in the United States* (1890), pp. 261–272.

（2）吉江琢児「数学懐旧談」（『高数研究』、昭和十八年九月号）。

（一九四七・一・二三）〔『自然』昭和二十二年三月号所載〕

黒板はどこから来たのか

一

アメリカ数学史を調べている途中、黒板の来歴という問題に触れたので、少しばかり書き付けてみよう。ただこれは主として数学の面のみからの考察に止まるので、中には大きな誤りを冒しているかも計り難い。各方面の識者の御示教をお待ちする次第である。

わが国で黒板が盛んに使用されるようになったのは、何といっても明治初年にアメリカ人による、教育上の指導からである。明治五年（一八七二）九月、師範学校（東京高等師範学校の前身）[1]が開かれたとき、大学南校[2]の教師であったスコット（M. M. Scott）を招いて、小学校における実際の教授法を伝えてもらった。スコットは母国の師範学校出身者であり、東京の師範学校では、主として英語と算術を教えたが、教科用書や教具器械の類は米国からの到着を待って使用したという。さらに翌年には、ラトガース・カレッジの数学・天文学教授マーレー（David Murray）が聘されて文部省学監となり、日本における教育の全面的指導に当たることになった。

さてマーレーが黒板の使用を奨励したことは、彼の報告書から伺うことができる[3]。

「各般ノ書籍ヲ翻訳編輯シ、各般ノ器械ヲ備具ス。即チ……懸図・模範塗板ノ如キ既ニ之ヲ製造シテ、従来煩多キ方法ニ代ヘ、以テ広ク之ヲ小学校ニ採用セリ。……師範学校ノ功用ハ既ニ東京ニ設立セルモノニ於テ、其実験ヲ表セリ。……学科ヲシテ理解シ易カラシメンガ為、懸図及塗板ヲ用ヒ、……（傍点は小倉）」

師範学校で、黒板がスコットによってどんな風に使用されたかは、『師範学校、小学教授法』（明治六年八月刊）という、師範学校長諸葛信澄らの校閲にかかる書物によっても明らかである。その中には、算術の授業に黒板を使用している絵があり、そこには「図の如く、教師、数字と算用数字を呼んで石盤に記さしめ、一同記し終りたるとき、教師盤上に記し、これと照準せしめ、正しくできたる者は各の手を上げしめ、誤りたる者は手を上げざるを法とす」と、書かれている。

さらに校長諸葛信澄自身の著にかかる『小学教師必携』（明治六年十二月刊）においては、読物・算術・習字・書取・問答などの教授法が述べられ、そこには黒板の使用法も詳しく説かれている。たとえば第八級（一年級の前半）の習字については、

「五十音図ヲ用ヰ、書法ヲ説キ明シテ塗板ヘ書シ、生徒各自ノ石盤ヘ書セシムベシ……。生徒石盤ニ書スルニ当リテ、或ハ細字ヲ書シ、或ハ石盤全面ノ大字ヲ書シ、或ハ乱雑ニ書スル等ノ不規則ヲ生ズル故ニ、教師塗板ヘ書スルトキ、縦横ニ直線ヲ引キ、其内ニ正シク書シ、生徒ヘ

モ亦此ノ如ク、石盤へ線ヲ引キテ書セシムベシ。塗板へ書スルトキ、傍ラニ、字画ヲ欠キ、又ハ筆順等ノ違ヘタル、不正ノ文字ヲ書シテ、其不正ナルコトヲ説キ示シ、生徒ヲシテ其不正ヲ理解セシム……。塗板へ書スルニ、字画ノ多キ文字ハ、二度或ハ三度ニ書スベシ、必ズ一度ニ書シ終ルベカラズ。……」

またたとえば第六級（二年級の前半）の算術については、

「……右ノ如ク諳算ヲ教フルトキ、兼テ二段ノ加算ノ題ヲ塗板ニ書シ、各ノ生徒ヲシテ一列同音ニ、加算九々ヲ誦シテ之ヲ加ヘシメ、其答数ヲ塗板へ記スベシ、但シ其記シ方ハ、何レノ位ニ何数ノ字ヲ書スルヤヲ生徒ニ尋ネ、然ル後之ヲ書スベシ。二段ノ加法ニ熟スル後、三段以上ノ題ヲ塗板ニ書シ、生徒各自ノ石盤ニテ之ヲ加ヘシメ、然ル後一人ノ生徒ノ答数ヲ塗板へ書シ、各ノ生徒ニ照看セシメ、之ト同ジキ者ニハ右手ヲ挙ゲシムベシ。若シ此答数正シカラザルトキハ、更ニ又、他ノ生徒ノ答数ヲ書シテ、之ニ照準セシムベシ……」

何かあまり形式的ではあるけれども、それはともかく、まことに至れり尽くせりの模範的な説明振りではないか。黒板の使用が比較的短日月の間に広く普及したのも、決して偶然ではなかったと思う。

（1）今の東京教育大学（現・筑波大学）の前身。
（2）今の東京大学の前身。
（3）『ダビット・モルレー申報』（明治六年）。

二

それなら黒板はアメリカで発明されたものなのか。否、それは多分一八一〇年代に、フランス人によってアメリカに伝えられたものなのである。アメリカの普通の学校では、独立戦争（一七七五―一七八三）前はもちろん、独立後の数年間も、まだ石盤さえ使用されていなかった。生徒も教師も、書き物や算術計算を皆紙に書いていたのである。

ところでボストンの牧師メー（Samuel J. May）という人の伝記（一八六六）によると、彼はカトリック教徒のフランス人ブロシウス師（Francis Xavier Brosius）が、数学の学校で黒板を用いているのを、一八一三年にはじめて見た。それでメー師は自分でも学校で黒板を使用しはじめた、とのことである。

しかしアメリカの初等学校に黒板の普及を見るに至ったのは、大体一八六〇年頃からであるといわれているが、そうすると、スコットは案外はやく、新しい黒板を日本に普及させたことになる。

もっとも大学やカレッジの数学教室では、もっと早くから黒板が使用された。それは一八二〇―一八四〇年の期間に、アメリカの数学界に大きな影響を及ぼした、ウェスト・ポイント陸軍士官学校における、数学の教授から発したのである。

一八一二年の米英戦争は、いろいろの意味で、アメリカ史の転換期といわれている。この戦争が終わったとき、ウェスト・ポイント陸軍士官学校の主脳部は、ヨーロッパの陸軍制度調査研究の結果、フランスのエコール・ポリテクニク（高等理工科学校）を模範として、一八一七年から士官学校の改造を断行した。それでこの学校は、当時のアメリカにおける普通の大学などとは全く趣きを異にして、最も数学や理化学を重要視することになり、それは若々しい教授たちによって実現されたのであるが、その一人にフランス人クローゼー（Claude Crozet）があった。

クローゼーはエコール・ポリテクニクの卒業生、ナポレオン部下の砲兵士官として、ワグラムの戦（一八〇九）にも参加した人であったが、一八一六年から、一八二三年まで、ウェスト・ポイントの工学の教師として活躍した。彼が軍事工学――「戦争と築城の科学」――を教授しようとした時、その学修上、まず予備知識として必要な数学から始めなければならなかった。その中に画法幾何学があったのである。

思えばこの画法幾何学という学問は、その創始者（エコール・ポリテクニク）のモンジュ（Gaspard Monge）によって公表されてから、ようやく二十年を超えたに過ぎない。そんな新しい学問があることを知っていた科学者は、アメリカに何人もいなかったし、もちろんそれを教わった人もなければ、英語で書かれた本もなかった時代である。教科書もなければ、またこの幾何学は（学問の性質上）口頭だけで教えることもできなかった。そこでクローゼーは大工と絵具屋に頼み込んで、黒板と白墨を作らせたのである。「私たちが知っている限りでは、黒板の使用はクローゼーに負うものである。彼はそれをフランスのエコール・ポリテクニクで見ていたのであった」とは、当時のウェスト・ポイント出身者の回想である。

考えて見ると、私がこれまで挙げてきたマーレー、スコット、ブロシウスのような人々は、皆何らかの意味で、数学の関係者であった。しかしクローゼーこそは、学問の性質上、最も本格的な意味で黒板を使用したというべきであろう。一八二一年になって、クローゼーは英文の画法幾何入門書（一五〇頁ばかりの）を著した。彼は「アメリカにおける画法幾何学の父」と呼ばれている。

ウェスト・ポイントにおける画法幾何学の講義は、クローゼーが去った後、ウェスト・ポイントの出身者デヴィース（Charles Davies）によって継続された。デヴィースはクローゼーよりも遥かに大部な画法幾何の教科書を書いたばかりでなく、優秀な数学教師として、また多くの数学教科書の著者として、有名な人物となった。最初はフランス数学書の翻訳から出発して、非常な成功を博したが、後には算術の初歩から微積分にわたる、彼自身の一連の教科書を著わした。それは非常に普及したので、そのためにウェスト・ポイントの名を高くすることになったのである。

三

ところで、私たちは、クローゼーの母校、パリのエコール・ポリテクニクにまで遡らなければならない。この学校こそは、「一九世紀の初めにおける、すべての科学の光は、エコール・ポリテクニクから発して、ヨーロッパにおける科学的思考の進展を照した」と呼ばれるほどの「ヨーロッパの羨望」の的となった学校である。それはフランス大革命の恐怖時代が終わって間もなく、生産拡充のための科学技術者と、優秀な砲工の士官を養成する、二重の目的を以て、一七九四年に開校されたのであり、その中心人物はモンジュその人であった。

元来モンジュは、築城術の設計のために、面倒な計算の代わりに簡単な幾何学的作図を考案したのを動機として、一七六五年頃には、既に画法幾何学の建設を始めていたのであった。しかしながらその方法は、軍事技術上の秘密に属するという理由で、革命前の旧体制（アンシアン・レジーム）下においては、公表を禁止されていたのである。今や革命政府によってエコール・ポリテクニクが創立され、しかもそこでは学問の性質上、画法幾何学は一躍して非常に重要な科目となり、モンジュ及びその高弟によって、きわめて熱心に教授されるに至った。（モンジュは一八〇六年までは教授として、その年に上院議長となってからも、一八一〇年までは引きつづき講義をしたのであるから、クローゼーはモンジュの直弟子なのである。）モンジュは教授の際に、黒板や投影図や曲面の模型を用いたばかりでなく、学生の実習のために製図室を設けた。かような設備は、当時のヨーロッパにあっては、実に空前の計画だったのである。

元来、黒板のようなものは、あるいはもっと以前から、フランスで多少使用されていたのかも知れない。しかし黒板を他の科学的模型や器具といっしょに、科学、技術の教授研究上の要具にした上に、その学校の驚嘆すべき成功によって、優秀な教科書や諸設備と共に、それを広く世界に普及させた点で、エコール・ポリテクニクは大きな役割を果たしたといわねばならぬ。また、そういう意味で、〝画法幾何学と黒板とは、フランス革命の副産物である〟といっても、大した過言ではあるまいと考えられる。今日わが民主革命の時代に当たり、私たちが黒板の前に立ったとき、われわれは深くこの偉大な民主革命——フランス革命について、回想すべきである。

四

ここに至って再び出発点に帰ろう。明治の初期に、わが教育がマーレーやスコットによって指導されたとき、わが数学界はどういう勢力の下に置かれたのか。それは当時圧倒的な勢力を占めたのは、いうまでもなくアメリカの数学であった。しかも明治八年頃までの間最も有力であったのは、かのウェスト・ポイント陸軍士官学校のデヴィース――彼は後には他に転じたが――の書であった。それはひとり原書で広く読まれたばかりでなく、数種の書物が翻訳されたのだった。彼の名は漢字で代威斯、第維氏などと書かれた*。

学問文化伝達の歴史は、多く偶然的な要素に支配されるかのように見えても、必ずしもそうではない。問題はむしろ、主として私たち自らの理論・分析の力の強弱に係わっているのである。

（一九四七・五・三）〔『別冊文藝春秋』一九四七年十月号所載〕

＊〔追記〕デヴィースの業績とその日本訳については、『数学教育史』（岩波書店）に詳しい。またエコール・ポリテクニクおよびモンジュについては、『数学史研究』（岩波書店）第一輯および第二輯を参照されたい。

ある古書の話

ついこの間私は、それぞれ専門を異にする二人の学者から、別々に、しかも全く同一の問題について質問を受けた。それはアメリカ国会図書館からの問合せによるもので、ざっといえば、「デザルグの〝透視画法〟(一六四八)のオランダ訳(一六六四)が日本に伝わったそうであるが、それは日本訳されたかどうか。日本訳されたなら、その訳本は現存するのか」――こういう意味のことであった。

デザルグというのは、デカルトと同時代のフランスの数学者で、射影幾何学の祖父ともいうべき人物であり、上述の書物そのものも有名な幾何学書であるが、それは平戸藩の『楽歳堂蔵書目録』(十八世紀末)の中に見え、また明治三十九年五月、東京帝室博物館で催した特別展覧会の出品目録『嘉永以前西洋輸入品及参考品目録』の中にも、『デサルキュウス透視画法、一六六四年アムステルダム版、一冊』(伯爵松浦詮氏出品)として載っている。後に、松浦家の好意によってこの書物を見た人に、新村出博士があった。大正六年に新村博士は、「和蘭伝来の洋画」と題する論文（『南蛮広記』に再録）の中でデザルグのこの書物について、「タイトルペイヂに二婦人の銅版画がある外、本文中に透視画図及銅版の挿入甚多いのに注意」した。

考えてみると、徳川時代にはガリレオも、コペルニクスも、ケプラーも、またデカルトさえも、彼等自身の著述かあるいはそのオランダ訳が、日本に伝わった形跡がないのに、デザルグが伝わったというのも奇妙なことである。けれどもそれは、数学書というより、むしろ絵画関係の珍本として評価されたからであろう。

昭和七年に、私は『南蛮広記』の記事を読んで、林鶴一先生に報告したところ、先生は早速それについて一文を物された。（それは先生の『和算研究集録』下巻に再録されている。）昭和十三年のころ、私は人を介して原書の調査を企てたが、目的を達することが出来なかった。今度の戦災でその本がどうなったかについても、私は知らないのである。

それならこの書は日本語に訳されたかどうか。私の知るかぎり、邦訳された跡はどこにもない。ところが新村博士は、

「享保十九年（一七三四）の著述及刊行にかかる江戸の人島田道桓の規矩元法町見弁疑（西川正休序）などに見ゆるカスパル流は、蓋しこのガスパール・デザルグの法を伝えたものと疑ふ……」

と述べている。私はどう考えてみても、この説を誤りだと思うが、それなら新村博士がなぜこんな誤りに陥ったのか。それはこの二つの書物の内容を実質的に比較研究をしないで、ただカスパ

ルとガスパールとを同人かと疑ったところから来たのであろうが、われわれの幾何学者はジラール・デザルグであって、ガスパール・デザルグなどと称する、全くありもせぬ架空の人間ではないのである。*

私はかような問題を、わざわざ日本まで問合せてきたアメリカ学者の、まじめな研究的態度にも敬服するが、この話は、文化的な国家の国際的科学者に典型的な、ほんの一例に過ぎないのだ。われわれ日本人にとっての先決問題は、旧藩主などの所蔵にかかる重要図書を調査し、それに安全な保護を与えると同時に、一方では心ある研究者をして、気易くそれを利用し得るような方法を講ずることにしなければならない。こういった手近いところにも、文化国家を念願する現代日本の、実際的な一課題があると思う。

（一九五〇・六・二五）〔『夕刊毎日新聞』昭和二十五年七月一日所載〕

＊〔追記〕これについては後日物語がある。この雑文が新聞に出てから間もなく、私は坂田精一氏（国立国会図書館、一般考査部、一般資料課長）から、「ラルースの百科辞典には、ジラール・デザルグでなく、ガスパール・デザルグとある」と教えられた。そこで坂田氏はフランス国立図書館に問合せたところ、一九五〇年一〇月一二日附で次の返書が来たのである。

> デザルグの名が時にはゼラールまたはジラール、時にはガスパールと呼ばれるのは確かなことです。私たちは、こういう不精密がどうして起きたかを調べましたが、判りませんでした。なお一六四四年の un discours de Parlement で、デザルグがジラールと呼ばれ、ガスパールと呼ばれなかったことを、お知らせいたしましょう。これは小倉金之助氏の意見と一致するものです。

一六四四という年は、デザルグの敵キュラベルの著『デザルグ氏の著述の検討』が刊行されて論争の結果、裁判所に持ち出されたときである。Un discours de Parlement de 1664とは、このときの（デザルグの）論告を指したものと、私には推定されるのである。

その後もこの問題について、フランス国立図書館に坂田氏を通じて問い合わせを出しているが、今日まで返書に接しないでいる。

ある科学者の生涯

世界的科学史家三上義夫博士を憶う

一

最近新聞紙上に、牧野富太郎博士のことが、たびたび伝わった。長い生涯を植物研究に捧げつくされたこの老博士に、各方面からの同情が集まり、このたび文部省が費用を支出して、博士の蒐集品の整理に乗り出したというのである。この場合、牧野博士は今まで非常に気の毒な境遇におられたが、博士の扱っておられたのは植物なので、どんな研究であるか、素人目にもだいたい想像がつくところに、博士への同情が集まった一つの理由があったとも考えられるだろう。

ところが、これに反して科学史――とくに日本や中国の数学史――一般人にはほとんど全くわからないような、ごく地味な研究に一生を捧げたために、欧米各国の専門家の間ではすでに三十数年前から〝世界的な科学史家〟として、高く評価されていたにもかかわらず、日本国内では、ごく少数の人々のほか、世間にはほとんど名も知られず、いたましい不遇の生涯をおくった大学者がある。私の先輩であり友人だった三上義夫博士こそ、まさにその人である。

去る一月中旬、仁科芳雄博士の逝去が伝えられ、日本科学界のため実に惜しいことをしたと思っていた。ちょうどそのころ、三上義夫さんの永眠が伝えられた。それも郷里広島県下の疎開先きで、昨年（一九五〇年）一二月三一日に亡くなられたというのである。私はしばらく暗然とした。……仁科博士が盛大な葬儀のもとに、見送られたのに引きかえ、一方、三上さんは田舎の寺の一室で、誰一人親身の人とてない中を、寂しく他界された。会葬者などほとんどいなかったであろう。……

思えば私と三上さんとは、ほんとうに長い間の交際だった。はじめてお会いしたのは、一九〇五年（明治三十八年）であったから、四十五年間、先輩としてまた友人として、私は学問上大きな影響を受けたのであった。実をいうと、私は人間的には三上さんを知りつくしているわけではないが、三上さんの業績は、科学者たちの間でさえも、意外なほど理解されていないと思う。それがはなはだ遺憾なので、ここに〝私が見たところの三上さん〟について、正直に語ってみたいのである。

二

三上さんは一八七五年（明治八年）広島県の田舎（今の甲立町）のある地主の家に生まれた。中学校を中途にして上京し、東京数学院で数学を学び、同時に国民英学会で英語を勉強して、両方とも卒業した。その翌年に数え年二十二歳で、仙台の第二高等学校に入ったが、非常に眼を悪くしたため中途退学し、それからは専ら独学で、数学を研究されるに至った。三上さんは数学にもすぐれていたが、一方、語学の才能にもめぐまれた人である。

まもなくアメリカの数学者G・B・ハルステッド博士と文通をはじめ、同博士から「日本の昔の数学、すなわち和算を、西洋に紹介してくれないか」と頼まれたので、承知してすぐにその仕事に着手された。さてはじめてみると、実に容易ならぬ仕事であることがわかったので、ついにそれに心血を注ごうと決心された。これが一九〇五年（明治三十八年）で、数え年三十一歳のときであった。そのころ和算史に関する研究書といえば、和算家出身の遠藤利貞という人が書いた、『大日本数学史』（一八九六年刊）という本が、一冊あったきりである。それも昔の和算書そのままの説明なのだから、明治の新教育をうけた人が読んでも、容易に理解し得るものではなかったのである。

それなら、その頃西洋には、和算について全然伝わっていないのかといえば、必ずしもそうではない。そのころのわが数学界の権威菊池大麓博士が、英文で〝円理〟、すなわち西洋の微積分に相当するような、日本の昔の数学の内容についてざっと紹介されたことがあり、また藤沢利喜太郎博士がパリで開かれた国際数学者大会で、和算について簡単な講演をされたこともあった。（また三上さんの和算研究とほとんど同時に、林鶴一博士が遠藤利貞の書物の概要を英訳し、これに手を加えて、オランダの専門雑誌に出されたこともあった）。しかし和算が海外に紹介されたといっても、そのくらいのもので、ほかにはほとんど何もなかったのである。

ところで三上さんが実際に和算の研究をはじめてみると、手元にはほとんど何の資料もなく、その上に研究費もないので、どうにも仕方がない。ついに岡本則録（のりふみ）という、和算家出身で西洋の数学にも通じた学者などについて、いろいろと教えを乞い、また和算書などを借りて、勉強をはじめられた。ところが和算を根本的に研究するには、どうしても、和算の元である中国の数学を研究しなければならぬと悟られた。しかし中国の数学書は帝国図書館にもほんのわずかしかなかったので、非常に困られたのである。

ある日のことだった。本郷の古本屋で、本を漁っておられるうちに、『算経十書』という中国の古い数学書を見出されたが、これこそ夢にも忘れなかった必要書なのだった。ところが値段が四円もする。懐中とぼしく、買う工面がつかない。やむを得ず千葉県の仮寓まで帰ってきたが、どうしてもこの本に対する未練が捨てられない。ようやく四円を都合し、これを友人に託して本を送ってもらったという。

そういう苦心をつまれた結果、三上さんの研究はぐんぐんと進んでゆき、間もなくドイツ、オランダ、ポルトガル、ノルウェー、ベルギー、アメリカなどの専門雑誌に、日本の数学と中国の数学に関する紹介や研究を、つぎつぎと大胆に発表された。これが菊池大麓博士のみとめるところとなって、一九〇八年（明治四十一年）に帝国学士院の嘱託になられた。当時、学士院には和算に関する文献が多く集められていたから、研究も以後は大変らくになった。

そうして一九一三年（大正二年）には、『和漢数学史』（英文）という単行本をドイツの書店から出版され、翌一四年には米国コロンビヤ大学のD・E・スミス博士と共著で、『日本数学史』

（英文）を米国から出された。『和漢数学史』は専門的な著述で、おもに中国と日本の数学の発達内容を、主として数学的に説明したものであるが、『日本数学史』の方はそれよりも平易で、日本古来の数学がどう発達してきたか、その歴史と内容を一般知識人にわかり易く説明したものである。

この二冊の本によって三上さんは、一躍して世界の科学史学界にみとめられた。ただ運の悪いことに、まもなく第一次世界大戦が始まったので、せっかくの研究も、その後は外国で発表する機会をほとんど失ってしまった。しかし西洋の科学史家にとって、中国と日本の数学を研究しようと思えば、何をおいても、この二冊の本を読まねばならぬことになった。この両書は実に極東の数学史を解明するための金科玉条となったのである。むろん今日からみると材料も古く、不完全な点も多々あるが、今でも西洋の科学史家にとっては、もっとも貴重な標準的資料となっている。

私のみるところでは、この二冊のうち、とくに『和漢数学史』こそは、中国の数学史を近代的に説明した世界最初の著述であると思う。むろん中国にも数学史に関係ある書物が、それ以前から多少はあったが、いずれも暦術家や数学者の伝記を集めたものにすぎず、数学そのものの内容や発達が、近代的に説明されてはなかった。きわめて長い間の中国の数学に、鋭い近代的なメスをあてて、その解明を企てたのは、実に三上さんの著述を以て、世界の嚆矢とする。これに刺激されて、一九一九年のころから、中国でも数学史に関する科学的な著書が、ぼつぼつ現われてきたのである。

三

これよりさき一九一一年（明治四十四年）三上さんは、（数え年）三十七歳になって、東京大学文学部の哲学選科へ入学され、一九一四年には大学院へ進まれた。ずいぶん変わったコースである。大学院での研究題目は〝科学発達の哲学的基礎〟であった。それから間もなく、学士院で和算の調査をやっていた遠藤利貞氏が亡くなられたので、大学院に籍をおきながら、遠藤氏のあとをつがれた。

そこで三上さんは一方では、哲学的、歴史的、文学的な教養を身につけると同時に、他方、学士院の仕事として、和算資料の蒐集や調査・研究などばかりでなく、広く日本各地をめぐって、和算発達のあとを調べられた。和算の塾を教えた人々の子孫や弟子たちを訪ねて、和算の教授・研究の状態や、和算家の生活の実情について、実地に検討されたのである。

そういった綿密な研究と深い文化的教養の結果として、全く新しい視野からながめて、書きあげられたのが、「文化史上より見たる日本の数学」という論文で、それが発表されたのは一九二三年（大正十二年）であった。私のみるところでは、この論文こそ、日本における科学史研究の上に画期的なものであると思う。ところが、これは当時の学士院における和算調査の主任だった藤沢利喜太郎博士のいれるところとならず、三上さんはついに学士院嘱託をやめねばならないことになった。三上さんの主張は、数学史というものは、ただ数学の面だけから眺めただけでは、根本的な研究ができるものでない。広く文化史的に考察しなければならぬというのであった。しかも藤沢博士はかような新しい数学史研究の態度や、その重要性について、ついに理解することができなかったのである。

学士院から逐い出された三上さんは、文化と数学の両面から数学史を見ようという、独自のプランに従って、ぐんぐん研究をすすめられ、一九二九年（昭和四年）には、一千ページもある『支那数学史』を脱稿された。これはある書店から出版することにきまり、組版にかかったのであったが、書肆の都合上、中止してしまったので、今日では遺稿として残されている。この一篇だけでも、世界に誇りうる大著なのに、これがそのままになっているのは、実に惜しい。

またそのころの数学講座として、『東西数学史』などを書かれたが、このような数篇の講座物こそは、三上さんの数多い論著のうちで、とくに平易な、しかもまとまったもので、専門家以外の知識人や、中学・小学校の先生たちにもよくわかる文献なのである。

なお、この一九二九年には、さきに欧文で公にされた業績が、世界の科学史家の間にみとめられて、国際科学史委員会の委員に選挙された。この委員会は一九二八年に、世界の有力な科学史家によって組織されたもので、三上さんは一九二九年に東洋人としては、ただ一人、会員に選挙されたのである。（つづいて一九三一年には、インドのダッタ氏が選出されたので、東洋人の会員はこの二人だけであったらしい。三上さんは亡くなられるまで、ずっとこの会員であった）。

四

三上さんは、一九三〇年（昭和五年）から、数年の間、引きつづいて優れた論文を発表された。

そのうちでも出色な一つをあげると、まず〝算聖〟と呼ばれた和算家、関孝和(せきたかかず)の伝記に関する研究である。関孝和といえば、日本の学問を代表すべき、最も偉大な数学者の一人であるが、その伝記が不幸にもはっきりしていない。いつ、どこで生まれたか、誰について学んだかなど、正確なことは少しも判っていない。これについて三上さんは長い年月の間、綿密な研究をつづけられ、これまで伝わっていた伝説に対して、徹底的な批判を行なわれた。その結果として、普通の本や数学史にかいてある関孝和の伝や、また群馬県藤岡町に建っている関孝和の碑に刻んである碑文——藤沢博士の筆になったもの——などは、信用しない方がいいことになったのである。

また和算の中でも有名な〝円理〟の方法は、関が発見したものだと、昔から和算家の間に伝わっていたが、三上さんは二十余年間にわたる研究の結果、円理は関の門人建部賢弘(たけべかたひろ)の発明にかかると推断されたのである。この問題については、三上さんと和算研究の先輩林鶴一博士との間に、二十年にわたる論争が行なわれた。林—三上の論争といえば、数学界でも有名なエピソードとなっている。林博士は主に数学のみの立場から、従来の関孝和説を守ろうされたものであり、これに反して三上さんは、数学と歴史の両面から建部説を主張されたのである。

つづいて三上さんは、「関孝和の業績と京坂の算家および支那の算法との関係および比較」という論文を発表された。これは中国の数学が、日本にどんな影響を与えたか。中国の数学はまず京阪地方へ、それから江戸にはいったのであるが、江戸の数学と京阪の数学の関係について、科学的な検討を加え、けっきょく中国の数学と京阪の数学とが、関孝和の業績にどのように影響したかという、〝日本数学史上の根本問題〟に対して、卓越した研究を行なった独創的な大論文である。私はその中の、ただ中国の数学だけについて見ても、これだけの優れた研究は、どこにもなかったと考える。まったく世界的な名論文だと思う。（三上さんはそれから十七年の後に、この論文に少しも手を加えず、そのまま提出して学位を得られたのである。）

このほかにも『日本数学史の新研究』と題する、三千数百枚の原稿で、ほとんど完成にちかいほどまとまった大作が書かれているが、これは遺稿として残されている。

さて三上さんの業績は、初期のものは、早くも西洋の学者たちから、正しく評価されたが、惜しいのは後期のものである。一段とすぐれた研究の方は、日本語で書いてあるばかり、欧文で発表していないので、——中国の学者からは、すでにきわめて高く評価されたけれども——まだ欧米の学界には紹介されていない。

三上さんは科学史の研究家として、日本における第一流の学者であるばかりではなく、まったく世界的な科学史家であると思う。その業績は、ただ数学の面からばかりではなく、ひろく文化史的な面からも、総合して考えなければ、ほんとうの価値がわかりにくいのである。その当時にあっては、それほど独特なものであったと、私は、かたく信じている。[1]

（1）もちろん三上さんの仕事は、既に述べた通り、とくに古い日本と中国の数学史において卓越しているのであって、それ以外の方面での三上さんの業績や思想などを批評するのは、まったく別のはなしである。そういった外の点、および日本・中国数学史のやや専門的な批評について、興味をもたれる方々は、『科学史研究』第十八号（岩波書店、一九五一年四月）所載の拙文「三上義夫博士とその業績」を参照せられたい。

五

かような大科学史家の三上さんが、一生、学問上で、定職らしい職業も、また定収入も得られなかったのは、何といっても実にいたましいことである。三上さんは十五年間学士院の嘱託をしておられたが、それも最初の間は無給であった。また一九三三年から十年間、東京物理学校――いまの東京理科大学の前身――で数学史の講義を持っておられたが、その収入とてしれたものだった。三上さんは若い時分に文部省の中等教員検定試験（数学科）に合格しておられるが、中等学校に勤務されたことはほとんどなかったらしい。一時生活にこまられたときには、音楽学校出身の夫人が、教職について働かれたことがあるという。しかし私は、三上さんが一生職業らしい職業につかれなかったというのも、その最も大きな理由は、学問への精進のためであったと考えている。

三上さんにとっては、郷里に持っておられた若干の田地からの収入だけが、収入らしい唯一のものであった。そういう切りつめた簡素な家計の下に、一切の時と、精力と、経費とを、研究のために捧げられた。そして外部からは、ほとんど人の援助も受けず、独立独歩で仕事をすすめ、ついにあれだけの大研究を残されたのである。

三上さんは熱烈で、いわゆる直情径行――心のままを包まず、自分の思う通りのことを行なった人であった。どんな先輩でも、友人でも、気に食わぬところがあると、痛撃して仮借するところがなかった。自負心があくまで強く、独立孤高、人と協同して研究をすすめていく、といった風がなかったので、長い間には大抵の人がはなれてしまった。日本数学史の研究者で、一度も三上さんから攻撃を受けなかった人は、少ないのである。

しかし自ら持することすこぶる謹厳、正義感——といってもやや旧時代的な——のつよい人で、その風貌はなにか江戸時代の儒者を思わせるものがあった。精神的貴族ともいうべき人で、庶民的なところがあまりにも少なかった。私の妻などはいつも「三上さんほど窮屈な方を知らない」といっていたが、酒ものまず、煙草もすわず、いつも羽織袴で二時間でも三時間でも端然と坐っておられ、膝をくずされることは決してなかった。私は三上さんの洋服姿を一度も見たことがない。また長い交際の間に、ただの一度も戯談（じょうだん）を聞いたことがなかった。そしてついには友人や同僚からも敬遠され、若い青年で科学史に志す人でも、三上さんに教えをこうものは、きわめて少なかったのである。

こんどの戦争は、三上さんにも大きな犠牲を強いた。三上さんに子女はなく、たった一人たよりにしておられた夫人も、戦時中に亡くなられた。空襲が烈しくなってから、郷里へ帰られた三上さんは、親戚とも協調することができなかったし、それに終戦直後の農地改革のために、田地からの収入もほとんどなくなって、全く孤立無援の状態に陥ったのである。そのとき、米国ハーバード大学科学史の教授サートン博士が、三上さんの安否を問われて、ケア物資を送ってこられたし、日本科学史学会の有志たちが、いろいろと慰安の法を講じたこともあった。一九四九年一二月には、東北大学から理学博士の学位を得られたが、それはちょうど亡くなられる満一年前のことだった。それから間もなく病床につかれるようになったのである。

かようにして極東の科学史学界を代表するわが三上義夫博士の、不遇な生涯は閉じられた。けれどもすでに発表された著作――九種の単行本とおよそ三〇〇篇の論文――のほかに、三上博士が心血をそそがれた、数千枚にわたる厖大な遺稿は、まだわれわれの手に残されている。われわれは――少なくとも日本における科学史研究の進歩のために――ぜひこれを刊行する方法を講じなければならないと思う。

科学史家としての三上さんの一生は、たしかに学問のために烈しい戦(いくさ)をたたかいつづけた、光栄ある英雄的生涯であった。しかしそこに個人としても、学界としても、また社会としても、いろいろの意味で深く考えてみなければならない課題が残されていると、私は痛感する。私がこの粗雑な一文を病間に草したのも、一つは、かような問題を提出して、社会各方面の皆さん方に訴えたいためである。

(一九五一・二・一八)(『毎日情報』一九五一年四月号所載)

科学的ヒューマニストの言葉

アジア・ナショナリズムの擡頭期に寄せて

「私たちの科学は偉大なものであるかも知れぬ。
しかし私たちの無知は、さらに大きいのである。」
ジョージ・サートン

一

ちかごろ病床に親しんでいる私は、怠慢にながれがちで、あまり新しい書物を読まないのである。たまたま森島恆雄君の訳にかかるジョージ・サートンの『科学の生命』（中教出版）に接し、いろんな意味で、得るところがずいぶん多かった。

今日のようなきびしい時代には、私たちはめまぐるしい時局の推移に捕えられて、物の見方や考え方が、とかく一方的に偏って非常に狭くなりがちである。[1]こういったことこそ、大局を誤る基になるのではないか。私たちはこの際、長い目で広く見わたすことが、極めて大切なのではないかと思われる。

この意味で、世界科学史の最高峰を行く博識の人によって、広い視野の下に、しかも大衆の言葉で語られたサートンの書物（一九四八年）の邦訳は、まことにその時機を得たものといえるだろう。そこには文字通り古今東西にわたる科学の歴史――それも、ある特殊部門の個別科学史ではなく、広く一般文化史と緊密に関聯した科学史[2]――の研究に一身を捧げて来た著者の、良心的な物の見方や考え方が、情熱をこめて述べられているのである。

それればかりではない。心ある人々はこの書物の中から、全人類の平和を渇望するヒューマニストの息吹きを感ずることが出来るであろうし、さらにまたアジア民族の独立と自覚を促す上において、有力な歴史的・科学的・思想的背景を、はっきりと読みとることが出来るだろう。

それで私は一般読者諸君の便をはかって、この書および同じ著者の前著『科学史と新ヒューマニズム』（岩波新書）などを基にして、サートンの思想――というよりも、むしろ彼の物の見方、考え方の特徴について語ることにしたい。もっともサートンは、体系ある学説を組織したり、先鋭な史観によって綿密な分析を行なったりするような型の学者ではなく、むしろその反対者なのだ。彼の表現は素朴で常識的なので、その思想は却（かえ）って正確に捉えにくく、私にははっきり了解しがたい点が多く、適当に纏めて解説するようなことは、私には不可能である。私は出来るだけサートン自身の言葉を利用し、それを編集しなおして、私の理解しえた彼の思想の一部分を、いくぶんか系統づけて紹介する程度に止めたい。

サートンは一八八四年ベルギーに生れた。郷里のガン大学に学んで、化学と結晶学と数学を研究しながら、オーギュスト・コントやポール・タンヌリやアンリ・ポアンカレなどの思想的影響をうけた。一九一一年にドクトルとなって間もなく、科学史の研究をはじめ、国際的な研究機関雑誌『イシス』を刊行したが、やがてドイツ軍に蹂躙（じゅうりん）されたベルギーを脱して、一九一五年アメリカに渡り、そこで研究の便宜を与えられ、後に国籍をアメリカに移し、一九四〇年ハーヴァード大学の教授となった。両親の血統からみても、国際人・世界人というべき人である。彼の主著は『科学史概説』三巻（一九二七―四八）であるが、綿密詳細をきわめたこの厖大な著述は、彼自らいうように、纏まった〝科学史〟というよりも、むしろ「主要事項を簡単に記録し、今後の研究に資する文献学的報告を備えた便覧」として、モニューメンタルな作品の名に値する。現に今日は国際科学史聯合会会長に推されているが、じつに謙虚であり、善意に満ちた、温い人のように感じられる。今は故人となった三上義夫博士――日本の誇りとすべき国際的科学史家――の不健康と不遇を聞かれたサートンは、一九四九年のころ数回にわたって、三上博士にケア物資を送り届けられたのであった。

（1）そういう点で、井本威夫氏訳のマック・ゲイン『ニッポン日記』（筑摩書房）などは、確かに反省の資料になると思う。

（2）サートンの史観に対する私の感想は、これまでいろいろの機会に述べたことがあるので、ここでは触れないことにする。

二

サートンは、新ヒューマニズムという思想的運動の指導者として知られているが、その運動の趣意は、簡単にいえば次のようなものである。

科学というものは、藝術や宗数などと同じように、本来人間（ヒューマン）的なものなのだが、その専門的分裂につれ、このことが忘れられがちなので、本来の道に引きもどす必要がある。これを科学を人間化（ヒューマナイズ）するという。（くわしくは後を見よ。）サートンは科学をヒューマナイズする運動を、〝新ヒューマニズム〟（あるいは〝科学的ヒューマニズム〟）と呼んでいるが、それは古いヒューマニズム（たとえばルネサンス時代のヒューマニズム）と区別するためである。「この運動は深くヒューマニスティックなものであり、しかも、強い反科学的偏見によって特徴づけられた古いヒューマニズムとは、正に反対のものである。」古いヒューマニズム運動は「本質的に過去に向かっていた。私たちの運動は未来に向かうところの、それ以上の運動である。」じつに科学こそは、藝術宗教その他の人間活動と並んで、むしろ文化の中核となり背景となるべきだと強調する。そして科学をヒューマナイズする方法としては、科学の歴史を研究することが、中心的だというのである。

　これから私はまず新ヒューマニズムの精神について、説明したいのであるが、それにはまず一応、サートンの科学観を聞かなければならない。彼は、自然は統一性を持っているもので、科学的知識が統一的であり得るのもそのためであるし、科学はこの自然の統一性と知識の統一性の上に成立っているのだと考える。そこで科学というものは、その進歩の途中では、どんな場合でも必ず不完全なものを退けて、より完全なものに就（つ）くのである。そういう意味で、科学は「偶像破壊者であり、革命的傾向をもっている。」だから保守的な人々が科学を憎悪するのは、当然のことである。「科学的精神こそは変革と冒険」――未知のものへの最も大胆な冒険の精神であるからだ。
しかし結局のところ、「科学こそは、窮極における安定性の、もっともよい擁護者に外ならない」のである。だから人は真理の前では、またその探求のためには、「それが何であろうとも、まず真理を愛さなければならない。こうしてこそ、はじめて人は真理を見出だすことが出来る。これは科学が与える主要な教訓なのだ。（こういったことを一般大衆が）人間として理解するようになったとき、私たちは真に科学的精神の持主となるのだし、そしてそういう時が来てこそ、社会的正義は容易に達成されるだろう。」

それと同時に一方、われわれは謙虚でなければならない。「科学者は預言者ではない。〝預見せんがための知識〟という、オーギュスト・コントの言葉は、しばしば誤って用いられる。……ほんとうの科学者ほど預言を警戒するものはないのだ。」現代の科学者は自惚れてはならぬ。「どの時代にも〝近代人〟はいた。彼らは自分たちの方法が、〝古代人〟のそれに較べて、ほとんど完璧なのだといつの時代でも考えていたのだ。科学史の主要な役割の一つは、こうした誤解を訂正し、人類の発展全体に対してわれわれが参与した量について、今日の〝近代人〟たるわれわれの自惚れを少くすることである。」

考えてみれば、何といっても、科学はヒューマニティーの一部分に過ぎないのだ。「科学はいろんな徳を備えているに拘わらず、それだけでわれわれの生活を意義づけることが出来ない。科学はたとえ文化の本質的な部分をなすものではあっても、科学それ自身は文化ではないのだ。

……知性をもたない科学はまことに憐れむべく、知性をもたない技術はさらに憐れむべきものである。」

「真理がどんなに貴いものであるにせよ、人生の全部ではない。それは美と愛とによって完成されねばならぬ。」

「科学的精神は別種の力によって——宗教と道徳とによって助けられねばならぬ。科学的精神は傲慢であったり、好戦的であってはならぬ。他の人間的要素と同様に、それだけでは本質的に不完全なものだから……。」


そこで科学をヒューマナイズするためには、具体的にどうするべきであるかという問題に到達する。「科学がヒューマナイズされねばならぬ、ということは、何よりも、科学を勝手に暴れ廻らせてはならないということを意味する。……われわれは科学と他の文化部門とを綜合する手段を見出ださなければならないのであって、科学を、他の部門と関係のない道具として発展させてはならない。……科学はわれわれ文化の中心的な部分でなければならぬ。同時に、それは文化の部門に奉仕する部分でなければならぬ。」

「科学をヒューマナイズする最上の方法は、——それが唯一つの方法ではないにしても——科学を歴史的に考察することである。——もしわれわれが科学を——現在われわれがもつ科学のみでなく（それは、結局、ただ最も新しい段階のものだというに過ぎず、決して最後の段階に達したものではない）——その発展の過程にある科学を考察するなら、また、その発生と成長、分化と合流を考究し、消長の跡や闘争と勝敗の状態を分析するなら、すなわち、もしわれわれが科学の歴史を読むならば、われわれはこの上もない人類の歴史を読むことになるのである。それはまた人類の努力の連続性（後を見よ——小倉）についての、また科学と知性とについての再評価でもある。——これがヒューマニズムなのだ。ただし科学を除外することなく、科学を包容するところの〝新ヒューマニズム〟なのだ。これを〝科学的ヒューマニズム〟とも呼びたまえ。」「もしわれわれが最善の努力をつくし、共通の重荷を十分に分担しようと望むなら、われわれは歴史家であり、科学者であり、技術家でなければならぬ。——歴史的精神と科学的精神とを首尾よく結合した度合によって、はじめてわれわれは真のヒューマニストたり得るだろう。」

三

この辺でやや具体的な二、三の例をとりあげてみよう。

まず、産業・労働問題について、サートンは語る。「産業と労働のヒューマナイゼーションと科学のヒューマナイゼーションとは、互いに相関的なもので、それは共に同一の原因によってわれわれに課されてきた問題である。……科学的ヒューマニストは、どんなに文化的に見える社会であろうとも、大多数の人間が不幸であり、そして少数者の政治的・経済的専制に絶対的な屈従を強いられているような社会では、決して幸福を感ずることが出来ないのだ。」

次に歴史のモラルについて。——「歴史に道徳的意義を与えるためには、歴史をできるかぎり十分に、できるかぎり誠実に書くことが根本条件となる。〝皇太子御用の歴史〟ほど背徳的なものはない。私たちは最善のものも最悪のものも、いっしょにして、人間の経験の全体を明示すべきである。人類最大の業績は、じつに邪悪と無知とに対する闘争であった。……真理と美の探求こそは、実に人間の光栄である。これこそはまた歴史が許す最高の道徳的解釈なのだ。」

サートンは人間の科学的努力が連続的であると主張する。「なるほど偉大な発見は不連続的だが、その不連続性を分析してみると……どんな発見でも、それは長い期間を通じ多数の人々によって発展させられて来た論議の最後の結びに外(ほか)ならない。……ただ一個の国民、一個の民族、一個の宗教だけの、また科学の一分野だけの努力の跡をたどる歴史家は、不連続的な印象を受けるかも知れない。しかし更に高く、もっと広い観点から跳めるなら、どこにも本当の中断は見られないということを悟るだろう。この共同の仕事（科学の研究）は、往々世界の諸国民の間に別々に分担されることがある。それでもこの仕事は連続する。ただし別々の国において。」

かような意味でサートンは、単なる発見目録は〝科学史の偽瞞〟であると説く。このような目録は科学の「進歩の不連続性を誇張するから。」それのみではない、「かような目録は、広汎な人間的見地から見れば、さらにさらに大きな偽瞞なのだ。」なぜなら「科学の歴史は単なる発見の記録ではない。科学的精神の展開、真理に対する人間の反応の歴史、真理の徐々たる啓示の歴史、われわれの精神の暗黒と偏見からの徐々たる解脱を闡明(せんめい)することが、その目的なのだ。」

だから科学史家の主要な任務は、科学者の「科学的蛇足を列挙することでなく、その人間を蘇生させるところにあるのだ。発見も大切かも知れぬ。しかし人間は、比較にならないほど、もっと大切である。」

四

サートンの科学観とヒューマニズムは、必然的に科学の国際性と平和主義へと導く。「科学はその本質において国境を超越し、民族を超越するものである。だから科学は、地球上のあらゆる国民を結合させる最もつよい紐帯となる。科学は満場一致を期待する。それは先入的思想に関する一致ではない。国民を超越し、どんな国民的欲求をも絶対に超越した事業における一致。また、あらゆる国民の無意識的な不断の協力によって、発展させられつつあるところの体系そのものに関する一致、を期するのだ。科学的な仕事は愛他主義の最高形式の一つである。」

だから「科学は世界中の何物にもまして平和に貢献する。それはあらゆる国、あらゆる民族、あらゆる信条に属する最も、高尚で最も抱擁的な人々をつなぎ合わせるセメントである。どの国民も他の国民によって行なわれた発見から利益を受ける。」

しかし一方で、サートンは語る。「科学は、それがどんなに必要であるにせよ、それだけでは全く不完全なものだということを、人々は戦禍によって銘記するだろう。」

科学の革命性について、「科学はつねに革命的・異端的であった。これこそ科学の本領なので、そうでなくなるのは、科学が眠っている時だけである。」と主張するサートンは、同時に、心からの平和愛好者なので、人間の寛容については、次のように強調するのである。「寛容と慈悲とがなければ、われわれの文明は甚(はなは)だ危険である。科学は必要なものではある。しかしそれだけでは全く不十分だ。」

「科学は寛容と慈悲とをわれわれに教えてはくれない。けれども科学の歴史は、この寛容と慈悲との必要を、帰納的に証明してくれるのだ。」

科学史について、それは「迷信と無知の怠け者に対する、虚言家と偽善家・詐欺漢と自欺漢に対する、また暗黒と不合理のあらゆる勢力に対する、決して止むことのない長期戦の物語である。」と述べたサートンは、今は「真理と正義とは、それがどんなに必要であるにしても、それだけでは十分ではない。人間の心の最も純粋で甘美な精華は慈悲心である。窮極のところ、人間的秩序——自然的秩序に対立するものとしての——においては、寛仁というものなしには、偉大な何物もあり得ないのだ」と説く。「人間相互の関係は、その何れか一方の側に、不正と抑圧の感情があるかぎり、親密な関係とはなり得ない。この人間愛こそヒューマニズムの核心である。」

私たちはここに全人類の平和を渇望するサートンのヒューマニズムを、ひしひしと感ずることが出来る。もとより、このような世界主義的平和思想は、現代のきびしさの中で、強い政治的立場をとることは、事実起りえないであろうが、しかし一つの貴い良心的立場たるを失わないと思う。[1]

（1）「科学の生命」の日本版へは、次の言葉が寄せられている。
「——私の何より申し上げたいことは、相互理解と平和とについてである。この世の最もすぐれたものは、自分自身のことも、自分の国のことも考えず、ただ全人類のことだけを考えた偉大な藝術家と、偉大な科学者と聖者とによって創造されたものである。私たちの最も貴重な相続財産は、ある一時代、ある一民族からでなく、あらゆる時代、あらゆる国民から私たちに伝えられたものである。真理にいっそう近づくために、また私たちが祖先から受けついだ美と善との富を殖(ふ)やすため、兄弟のようにいっしょになって働こうではないか。……」

五

終りに私は、科学上における東洋と西洋との関係についての、サートンの見解を紹介したい。彼はまず科学史の国際化を強調する。「科学史の国際的意義はあまり理解されていないが、それは本当に国際的な精神によって鼓舞された歴史的研究が、極めて少なかったという、ただそれだけの理由からである。たとえば世界史は殆(ほと)んどもっぱらインド・アリアン種族の業績だけを取扱って来た。そこでは何もかもヨーロッパの発展に集中される。こうした観点はもちろん絶対に誤っている。人類の歴史は、西欧的経験と同じ水準において、東洋の巨大な経験を採り入れないなら、それが不完全なものになるのは、あまりにも明らかだ。」

サートンは科学を概観して、——ここでは暫(しばら)くインドと中国とを、考えの外におこう。——四つの位相に識別した。第一期はエジプト及びメソポタミヤの知識の経験的発展で、それは最も基本的な創造であった。第二期はギリシャ人による合理的基礎の建設。第三期は中世紀で、主としてギリシャ哲学の成果と諸種の宗教教義とを調和させるため、大きな努力が費され、多くは徒労に終ったが、その間から実験的精神が孵化されてきた時代である。第四期はすなわち近世科学の時代で現代を含んでいる。ところで以上の四期の中、第一期は全く東洋的であり、第三期も大体において東洋的であった。西洋的なのは主として第二期と第四期だけである。

そこで実験科学の発達について、彼は次の結論に達したのであった。「実験的方法や数学をも含めて、科学の胚種は――全くあらゆる種類の科学の胚種は、東洋から来たものである。そしてそれ（実験科学）は中世紀において、主として東洋人によって発展されたものである。だから――（現代を含む第四期においてこそ、実験科学といえば西洋人に帰するものではあるが）――大局から見れば、実験科学は西洋の子供であるばかりでなく、また東洋の子供なのだ。すなわち東洋はその母であり、西洋はその父であった。」

実際今日でも「私たちはアジアの知識と智慧とが切実に必要なのだ。東洋はわれわれ自身の問題に対する別の解法を見出だしてくれた。（基本的な問題というものは、どこでも同じにならざるを得ないものだ。）この解法を研究すること、しかも謙虚に研究することは、何よりも大切だ。われわれ（西洋人）以上に、彼ら（東洋人）が真理と美に接近した場合は非常に多い。……」

試みにただ一つの例を引こう。十一世紀の前半に、回教徒の数学知識の水準はずいぶん高いものであった。（たとえば彼らは二次曲線の交わりによって、三次方程式を解いている。）これに反して、当時のキリスト教徒の数学は、何という憐れむべきものであったろう。「彼らの幾何学はピタゴラス以前の水準にあった。なるほど彼らが拙い計算家でなかったことは確かだ。私たちは彼らをエジプトの学者アーメスに比することが出来よう。あの凡そ二十七世紀も昔、すでにその仕事を果しおわったアーメスに！」

かような検討の後にサートンは次のように結論した。

「東洋が西洋を必要とすると同じように、西洋は今日でも東洋を必要とする。……東と西との律動(リズム)を記憶せよ。すでに幾度か私たちの霊感(インスピレーション)は東から来た。それが再び来ないという理由が何処にあろうか。恐らく偉大な思想は、今後もなお東から私たちのところに達するだろう。私たちはそれを喜んで迎えなければならぬ。

東洋に対して苛酷な態度をとり、西欧文化の優越を法外に主張する人間は、科学者らしからざる人間である。そういう人々の多くは知識をもたず、科学を理解していないのだ。言い換えれば、彼らは自らがそれほど誇っている偉大さに少しも値しない人間なのであって、もし彼等がそのままに放任しておかれるなら、その矛盾した要求によって、彼らの偉大さは遠からず破壊されてしまうだろう。」

何という輝かしい、ヒューマニスティックな主張であろう。しかもそれは全く多年にわたる純然たる科学史研究の結論であって、決して民族主義への同情や、特定の政治的立場からの議論ではないのである。私はこのような、まじりけのない公平無私な主張こそは、本質的に極めて力強いものだと信じている。

思えば〝東と西〟の問題に対して、サートンほど科学的に歴史的に、真剣に取組んだ科学者が果してあったであろうか。四十年にわたる研究の主要部分、あの厖大な『科学史概説』三巻(第一巻、ホメロスからオマル・ハイヤムまで。第二巻、ラビ・ベン・エズラからロージャ・ベーコンまで。第三巻、十四世紀の科学と学術)は、ある意味では、全くこの問題のために捧げられたといっても過言ではあるまい[1]。彼の研究こそは、アジアの独立と自覚を促す上において、何よりも有力な、歴史的・科学的・客観的知識を供給するものであり、アジア民族の独立のために、絶大な思想的背景を与えるものと考えられる。

こういった私の感想は、全くサートン自身の思いもよらないことであって、あるいは甚だ迷惑に思われるかも知れないのである。しかし私は、アジアにおける新しい民族主義的勢力の擡頭期において、科学的ヒューマニストのかような説を紹介しえたのを、悦びとするものである。

（1）ちょうどこの拙文を書きおわったとき、幸いにも平田寛君が苦心の訳書『古代中世科学文化史I』に接することが出来た。これは私が本文で『科学史概説』と呼んだサートンの主著の第一巻の中、一般知識人が通読しうる部分の全訳なのである。心ある人々の精読を乞いたいと思う。

（一九五一・一一・二〇）〔『改造』昭和二十七年一月号所載〕

ヴォルテールの恋人

デュ・シャトゥレー夫人の生涯

ここに描きだそうとするのは、一八世紀の前半におけるフランスの一侯爵夫人——一般人の間には、巨匠ヴォルテールの愛人として記憶される科学者（一七〇六—一七四九）の生涯である。

フランスは、ルイ十四世の死（一七一五）によって、絶対王政によるながい間の束縛に対する反動時代に入った。やがて来るべき大革命への過程として、財政・経済上の社会的不安をはらみながら、一方では華やかな享楽の風がおこり、啓蒙文学の時代となって、科学的研究もようやく活発になってきた時機であった。

エミリー・デュ・シャトゥレー夫人の場合には経済生活上の不安は、ほとんど認められなかった。しかしそこには貴族階級の結婚と家庭生活、婦人の学問研究、婦人の自由などに関する、多くの問題があった。革命前の貴族社会と初期啓蒙時代の最高知識を背景としながら、彼女は研究と恋愛を二つの焦点として、幾多の矛盾に苦しんだ。人間としての長所と女性としての短所とを、極度にあらわした矛盾に満ちた一生——そこには人を動かし、人を考えさせるものがないであろうか。

私はキュリー夫人伝などを読むたびに、いつでも敬服はするし、じつに学ぶべき多くのものを認める一方、いつも何か物足りないものを痛感する。自分で非常に詳しい調査をしたわけでないから、確かなことは断言できないが、そこにはあまりにも人間的弱点が描かれず、あまりにも立派すぎて、何か美しく飾られているかのような感じが与えられる。そのために、私のような庶民にとっては、深く考えさせられたり、人生を暗示させられるものが、かえって少ないような気がする。

それで私は長所を尊重すると同時に、欠点をもはっきりさせる伝記が欲しいと思い、手元にある乏しい資料をもとにして、試みにこの一篇を書きあげてみたのである。

一

エミリー・デュ・シャトゥレー侯爵夫人は、一七〇六年ル・トンネリエ・ドゥ・ブルトゥイユ男爵の娘としてパリに生まれた。名はくわしくいえば、ガブリエル・エミリー・ル・トンネリエ・ドゥ・ブルトゥイユというので、父の第二の結婚による四人の子供（男女二人ずつ）の中の末っ子であった。ドゥ・ブルトゥイユ家は一六世紀の中ごろからパリに住んだ旧家で、エミリーの父は国王の侍講からイタリアへの特命使節となり、エミリーが生まれた二年後には、外国の使臣を国王や王妃などに謁見させる役目の官吏となった人である。

エミリーは幼少のころから注意深い教育をうけた。フランス語、ラテン語のほかに英語とイタリア語を学んだが、彼女は語学の才能に恵まれていたし、音楽にも秀でていた。幼い中に祖父から科学の初歩を教えられ、少女時代から特に数学と形而上学を好んだという。

さて一八世紀のフランスでは、子弟の教育といえば、もっぱら男子の方にばかり多くの費用をかけたので、良家の女子でも年ごろに達すると、選ぶべき道は結婚をするか修道院に入るかのほかはなかった。そういう意味で、一八世紀のフランス娘にとって、結婚はまったく人生への出発点であったし、また当時の結婚は女性に対する一種の解放とも考えられたので、エミリーもまたこの道を選ぶことにした。

そこで一七二五年十九歳のとき、彼女は十歳年上の軍人デュ・シャトゥレー侯爵（フロラン・クロード・デュ・シャトゥレー・ローモン）と結婚した。侯爵は軍人として出発し、一七一二年に国王付きの銃士となってから、だんだん出世して一七四四年には陸軍中将となった人であるが、侯爵家としては裕福な方でなかったという。

エミリーは結婚してから宮廷に出入することができた。宮廷では王妃に近いところに床几（腰掛）をもって、浪費的な生活を送るようになったが、それと同時に、夫婦の間がしっくりしなくなってきた。元来この二人は、はじめから互いに興味をもっていなかったのである。一方は重くるしい土臭い男なのに、一方は華やかな生活を生きたい気持で一ぱいな女であったし、それに軍人という夫の職業上、彼らは離れ離れの生活を送る日が多かったのであった。

エミリーは当時の習慣に従って、宮廷においても、またそのころ流行のサロンにおいても、たくさんの男友だちを作った。その中からドゥ・ゲリブリアン侯爵（フランソア・ドゥ・マルポア元帥の甥）を選んで、ひそかに愛人としていたが、その関係は彼らの愛情が破れるときまで秘密に保たれた。その後には、当時の輝かしい令名の高い人物アルマン・ドゥ・リシュリュー公爵（一六九六―一七八八）との間に、艶聞が伝えられた。公爵は漁色家としての一面をもつ人であるが、エミリーの〝きびきびした、輝かしい冒険的な〟点に引き付けられたのだと、いわれている。

その間に彼女は、一七二六年に長男を、その翌年に次男を生んだ。一七三四年に生まれた三番目の子供は早く死んだが、その子供が生まれる前から、夫の侯爵はもうまったく彼女に飽きてしまったのである。彼女は子供たちへは愛情を示したが、そのころの彼女は、知識的才能を通じてのほかに、男子の愛情を保つ仕方を知らなかったし、しかもそんな知的才能などは、粗野な夫にとっては無用のものであったのだ。そこで彼らは一七三三年ごろからは、合意の上で別居をし、別々の生活を営んでいたのである。

この時代における社交婦人の常として、彼女も贅沢・享楽・気まま・浮薄・情事といった〝遊び〟から、免れることができなかった。けれども上流婦人のサロンは、ゴシップ的興味の雰囲気が彼女に適しなかった。宮廷の方がむしろ彼女の趣味にふさわしかったといえる。それに彼女は貴族階級としては、十分な富をもっていなかったし、美人ともいえなかった。きれいな眼と晴れやかな笑みと、印象的な態度をもってはいたが、柔軟な女らしい温雅さをもたなかった。こういう事情の下に、彼女は少女時代から好んでいた数学的・哲学的研究へと、精進しはじめたのであった。

読者諸君は、地球の形を決定する目的で、モーペルテュイ、クレーローその他の科学者たちが、一七三六年にフランス科学学士院から、北極に近いラプランドに派遣されて、径線の長さの測量を行なった、という出来事を聞いたことがあるだろう。あのモーペルテュイ（一六九八―一七五九）と、クレーロー（一七一三―一七六五）こそ、エミリーにとって最良の師友であったのだ。

モーペルテュイは一七三〇年ごろから、二、三年の間、彼女に数学を教えた。彼は彼女にとって最初の師であったばかりでなく、多年の間文通をつづけ、彼女から最も信頼された科学者であった。クレーローにいたっては、彼女の晩年までの指導者であった。[1] 一七三三年ごろの彼女の手紙には、数学や物理のことがいろいろと書かれている。ここにモーペルテュイ宛の手紙の一部を抜いてみよう。

「昨夕はあなたの講義を有効に利用しました。……今日は在宅しますから、できますならお出になって、無限級数をn乗することを教えて下さい。……明日は六時まで外出しませんから、四時にいらっしゃれば、二時間勉強できます……」（一七三三年）。

「私は数日前から、再び幾何をやりだしましたが、前にやったことをちっとも忘れていないので、なにも新しいことを覚えません。……じつはギスネー[2]は自分ひとりでは全然わからないのです。あなたのほかには、私に愉快に勉強させてくれる人があろうとは考えられません。他の人なら、茨ばかり見出だす道の上に、あなたは花をまきちらしてくれます。あなたの想像力は、もっとも乾燥な事実を、正確と精密を失わせることなしに、どう飾るかを知っているのです」

（一七三四年）。

モーペルテュイが教授を怠っていると、エミリーは彼がよく出掛けるカフェー・グラドーに、彼を迎えにいったという。彼女は計算が上手であった。あるとき九桁の数で割るのを、全くの暗算でやって、傍にいた数学者を驚嘆させたことがあった。

このように夫と別居して、数学・科学の研究をつづけていた際に起こったのが、ヴォルテールの事件であった。

（1）クレーローはモーペルテュイの紹介で、エミリーの師となったが、その初めの時期は不明である。数学教育史の上で有名な、クレーローの『幾何学初歩』（初版一七四一年）は、クレーローが彼女への講義をまとめて印刷したものだとも、また多くの人々に幾何学の基本概念を得させるために、彼女がクレーローに勧めて書かせたものだとも伝えられている。

（2）ギスネーというのはモーペルテュイの旧師で、『幾何学への代数の応用』（初版一七〇五、再版一七三三）の著者である。この書物のはじめに、代数計算の物差（函数尺の意味であろう）の説明と多くの付図が載っているとのことだが、私は原書を見る機会をもたない。

二

ヴォルテール（一六九四—一七七八）は一七一八年ごろから、ドゥ・リシュリュー公の友人であった。それは彼がバスティユ牢獄を出て、『ウーディフ』の劇がテアトル・フランセー座で成功したころからである。その後、しばらくイギリスに滞在し、一七二九年に帰国の後は啓蒙家として大いに活躍した。論文集『哲学通信またはイギリス便り』（一七三一―三四）によって、彼はイギリスの政治・社会を讃美し、フランスの専制政治や貴族・僧侶の階級的専権に対して、劇烈な攻撃をはじめたのである。

ヴォルテールは――多分モーペルテュイから聞いたのであろう。――エミリーに会う前、一七三一年から、確かに彼女の学才を知っていた。それから後、彼は詩の中で彼女を讃えているし、また彼女とドゥ・リシュリュー公との関係も知っていて、一七三三年にはこういう詩を彼女に贈っている。

耳を傾けなさい、尊いエミリーよ。
あなたが美しいので、人間の半数は
あなたの敵になるでしょう。
あなたはすばらしい天才をもつ、
人はあなたを怖れ、あなたの優しい友情は
信用され、そしてあなたは裏切られるでしょう。
単純で率直な連盟の中でこそ
あなたの徳義は犠牲にされないでしょう。
われわれの崇拝する方へ、中傷を恐れなさい。

この詩を捧げられたエミリーは、まもなくヴォルテールとはじめて会って、新しい恋愛に陥った。そのころの彼の詩には、次のような数式入りのものさえある。

疑いもなくあなたは名高くなるでしょう。
あなたが夢中になっている
代数の大きな計算によって。
私は決心してわが身を捧げましょう。
けれども、ああ〝A＋D－B＝私はあなたを愛する〟
とは、ならないのです。

ところが一七三四年に『イギリス便り』は政府の命令によって焼きすてられ、ヴォルテールは反逆者か売国奴と見られて、捕縛されそうになった。彼はにわかにパリから脱出した。（そのとき出版者はついに捕縛された。）ヴォルテールと連絡をとっていたエミリーの頭に突然ひらめいたのは、彼を〝シレーにやっては？〟ということだった。シレーならば国境にすぐ近い所なので、いざという場合にはすぐに国境を越えればよい。そこには彼女の夫デュ・シャトゥレー家の人たちが、数世紀にわたって住んだ城があるのだ。話は急にまとまって、ヴォルテールは九月に、エミリーは次男を伴って十一月に、シレーの城に赴くことになったのである。
シレーの城はシャンパニュの平野の中で、ローレーヌに近いショーモンの付近にある。多年の間、人の住まなかった古城には、今や修繕を施され、図書室や博物標本室などのほかに、物理実験室が設けられ、師父ムッシノーが排気鐘や望遠鏡その他の機械を整理する任に当たることになった。

こうしてエミリーとヴォルテールの新生活がはじまった。そのとき彼は四十歳、彼女は二十八歳であった。当時の模様を知る人々の記録には、この城のなかで「一人は詩をつくり一人は三角形を描いた」「デュ・シャトゥレー夫人は書物と書きつけた紙の真中で、午前中の大部分を過ごした。」「彼女の机は書物と実験器機でいっぱいになっていた」「エミリーは昼間に研究をしたばかりでなく、夜も仕事をつづけて、朝の五時か六時までは床に入らなかった。」などと記されている。彼女はときどき愛馬に乗って、ながい遠乗りをした。夕方の時間には主に談話をした。ヴォルテールの詩の中には、

けれども私は夕べになると
……………………
われわれの天文学のエミリーを見る。
古くて黒い前垂を掛け、
インキで汚れた手で、
彼女はコンパスと
彼女の計算と眼鏡をおく。

というのがある。

かようにしてヴォルテールはエミリーに危難を救われ、保護された。もうこうなると、すでに愛情を失って別居をしていた夫の侯爵も、妻とヴォルテールの共同生活を、いやでも黙認しなければならないようになってしまった。

元来エミリーの活動的な精神と単純で自然的な性格は、仕事と〝遊び〟との間に矛盾をきたし、苦悶をつづけていたのである。パリには、空しい快楽やサロンの掛引に狂する社交生活があったが、このシレーでは、何物にもとらわれずに、仕事に没頭することができた。彼女はヴォルテールと共に〝地上の楽園〟の静寂さを歓び迎えた。彼の日記の中には、次のように書きつけられている。「私は地上の楽園にある幸福をもった。この楽園にはイヴがいるし、私もまたアダムになるのを不便としなかった。」

ヴォルテールはシレーで多くの仕事をした。詩の『俗物』(一七三六)、小説の『ザディグ』(一七四一)、劇の『アルジール』(一七三六)、『メロープ』(一七四三)、ニュートンの学説と思想を伝えるに功労のあった『ニュートンの哲学』(一七三八)などは、ここで書かれたし、歴史の大作『ルイ十四世の時代』を書きだしたのも、ここにおいてであった。エミリーもまた研究に没頭した。『物理学の学校』を著わしたり、ニュートンを反訳したり、科学上の多くの仕事をした。(これについては改めて後に述べよう。)

シレーにはしばしば学者や文人や社交婦人たちの訪問があった。科学ばかりに限ってみても、スイスの数学・物理学者サミュエル・クーニグ（ドイツ流にいえばケーニヒ、一七一二―一七五七）は、モーペルテュイの紹介で、一七三八年から二、三年の間、エミリーの家庭教師となった。モーペルテュイは、スイス、バーゼルの教授ジャン・ベルヌーイ・フィス（一七一〇―一七九〇）を伴って来た。クレーローはしばしば彼女の研究を助けにやってきたので、彼女はシレーに彼のために科学器機室を設けたくらいである。一七三六年イタリア人アルガロッティが、『婦人のためのニュートン』（一七三七）をイタリア語で著わすために、シレーを訪れたときには、エミリーはイタリア語で立派に対応することができた。一七四三年にはニュートンの注釈を書いて名をあげていた、フランソア・ジャッキエ師（一七一一―一七八八）が、ローマからやってきた。

シレーでは客を慰めるために、時々オペラをやり、エミリーは自分で歌った。彼女とヴォルテールとは、ときどき別々に旅行した。けれども同伴で、ブラッセルやリールなどに滞在したこともあった。

かようにして彼らはおよそ十三年の間、シレーの生活をつづけながら、互いにのびのびと大きな成長を遂げていった。彼らの名声は次第に高くなり、知識人や社交界の好奇心の的になった。プロシアのフリードリッヒ二世（いわゆるフレデリック大王〔一七一二―一七八六〕即位は一七四〇）が、彼らに与えた手紙の中にはこう書かれている――「あなた方は、何という賞讃すべき、そして独特な人たちでしょう。あなた方を知っているすべての人々の不思議議は、日に日に増していくのです。」

ヴォルテールとエミリーは、どちらも本質的に知識人であり、エゴイストであった。彼らはあくまでも知識を追求した。シレー生活の前半では、ヴォルテールがニュートン派で、エミリーがライプニッツ派であったのも面白い。彼らは人間の作った規則に縛られることを嫌い、自然の法則を理解することに熱中し、啓蒙のために自然の法則について書いたが、一般民衆をばはなはだしく無視し軽蔑した。——こういった点で、彼らは典型的な初期啓蒙主義者であった。

しかし彼ら二人の間には相違の点も多かった。ヴォルテールはより空想的・独創的であり、他人の過失に対して寛大であったが、エミリーはより精密で辛抱づよく、考えが組織的であった。彼らは時々つまらないことから喧嘩をした。「彼らは風と日光と大きな緊張の周期をもった。しかし結局彼らはどこまでも愛人であり、そして彼らは知識的にお互いを必要としたのだ」とは、彼女の伝記作者フランク・ハメルの言葉であるが、まったく適評かと思われる。

彼ら二人は、お互いに堅く結びあって、成長を遂げていった。ヴォルテールが科学知識において、エミリーに負うところが大きいと同時に、彼女もまた彼から芸術と歴史とを教えられた。ヴォルテールの大作『国民の風俗と精神についての論文』（一七四六—五六）は、彼女に歴史的興味を与えるために、あるいは、彼女の科学的精神を満足させるために、筆を執りはじめたものであった。

三

そのころローレーヌのナンシーに近いリュネーヴィルに、亡命中のポーランド王スタニスラス一世――当時はバールとローレーヌの元首となっていた――の宮廷があった。それは美術家や文学者や社交人にとって、きわめて名高い、特色ある宮廷であった。ヴォルテールとエミリーはスタニスラス王の招待を受けて、一七四八年二月リュネーヴィルの宮殿に赴き、五月まで滞在した。それはヴォルテールが五十四歳、エミリーが四十二歳のときであった。

ちょうどその時、リュネーヴィルでは、ドゥ・サン・ランベール侯爵（一七一六―一八〇三）という軍人が、宮廷の華とよばれるドゥ・ブッフレール侯爵夫人[1]の愛人となっていた。ドゥ・サン・ランベールは、後に無味乾燥な『季節』[2]という詩集を公にしたのと、社交界に出入りしてしばしば恋愛事件を起こしたほかには、業績のほとんど知られていない人間である。ところがエミリーは、ドゥ・ブッフレール夫人の愛人とも知らずに、自分より十歳ばかりも若いこの男に、熱烈な愛情をよせるにいたったが、それは彼女自身の将来を犠牲にし、多年来の愛人さえも裏切った、狂気のようにはげしい恋愛であった。

かれらの関係は、やがてドゥ・ブッフレール夫人およびヴォルテールの知るところとなって、気まずい事件がしばしば起きあがった。しかしヴォルテールとエミリーが宮廷を去ってからも、ナンシー付近への旅行中、ドゥ・サン・ランベールとの間には、微妙な三角関係がつづけられた。しかもその間に、計画的なエミリーはスタニスラス王に運動して、自分の夫デュ・シャトゥレー侯を、ポーランド王の元帥にすることに成功した。彼女はそれによって、リュネーヴィルかナンシー付近にいる、ドゥ・サン・ランベールに近づく機会を多くしようとしたのである。

その年末にパリにおいて、ヴォルテールはエミリーから、やがて母になること告げられた。彼ら二人の間には驚くべき合議が成立った。彼らは、いま元帥となりリュネーヴィルにいるデュ・シャトゥレー侯爵――エミリーとは十数年来別居しているはずの――に、侯爵自身の子供であると承諾させ、その上に、ドゥ・ブッフレール夫人（子供の実父ドゥ・サン・ランベールの愛人）の力を借り、人目につかないように、（シレーやパリでなく、）リュネーヴィルで産をさせようというのである。それは当代の最高頭脳、ことに〝ヨーロッパの精神的中心〟と呼ばれているヴォルテールにとって、何という皮肉な悲劇であったろう。

それから凡（およ）そ半年の間、彼ら二人のパリ生活がつづいた。今やエミリーは完全に社交界を見捨てた。彼女はクレーロー以外には、ほとんど友人に面会しなかった。ヴォルテールが悲劇の創作に専心する一方、エミリーはすでに数年来従事してきたニュートンの『プリンキピア』の翻訳のために、クレーローの助けを借りながら、一切の力を集注した。

妊娠は彼女に対して精神的に大きな痛手を与えたばかりではなかった。彼女は年とってからの産に際して、何か凶事が起こるように感じた。彼女は恐怖と前兆を忘れるためにも、仕事に没頭しなければならなかった。ドゥ・サン・ランベールへの手紙の中で、彼女は訴えている。「私はもはや十分に罰しられたのです。けれど私は理性に対しては、より大きな犠牲を、まだ払っていませんでした。私はどうしても、仕事を完成しなければならないのです。それには鉄のように丈夫な体を必要とするのですけれど……。」

彼女は朝は九時に起き、午後三時まで仕事、三時にコーヒー、四時から十時まで仕事、それから軽い夕食、十二時までヴォルテールと談話、それから朝の五時まで仕事をつづけた。そして『プリンキピア』の本体ともいえる部分は、見事に完成を告げたのである。

一七四九年七月になって二人はパリを出て、シレーに立ち寄り、二週間ばかりの後にリュネーヴィルに赴いた。そこで彼らはドゥ・サン・ランベールに出会ったが、彼女の情熱に引きかえて、ドゥ・サン・ランベールの心はもう全く冷淡になっていた。

九月のはじめに女の児が生まれた。それから一週間も経ない九月一〇日に、二日病んだばかりで、夫のデュ・シャトゥレー侯、ドゥ・ブッフレール夫人、ヴォルテール、ドゥ・サン・ランベールらに見守られながら、エミリーは死んでしまった。死の原因は不注意からであった。彼女は焼けつくような熱のあるとき、一ぱいの凍ったハダンキョウ水を飲んだのである。

かようにして〝フランスの陸軍中将・ポーランド王の元帥・デュ・シャトゥレー侯爵の夫人〟エミリーは、短い一生を閉じたのである。葬儀は彼女の地位にふさわしいものであった。スタニスラス王は高官たちを遣(つか)わして哀悼の意を表し、リュネーヴィルの主な市民が参列した。

(1) このドゥ・ブッフレール夫人は、後にリュクサンブール元帥の夫人になって、元帥とともに、ジャン゠ジャック・ルソーの後援者・同情者となった女性である。

(2) ドゥ・サン・ランベールはこの詩集(一七六九年出版)をドゥードゥトー夫人に捧げている。ドゥードゥトー夫人というのは、一七五六年ごろジャン＝ジャック・ルソーが熱烈な片恋を寄せた夫人で、すでにそのころからドゥ・サン・ランベールの愛人であった。かようにドゥ・サン・ランベールは、デュ・シャトゥレー夫人については、ヴォルテールの恋敵であり、ドゥードゥトー夫人については、ルソーの恋敵であった。しかもヴォルテール、ルソーの二大巨匠は、恋愛においては共に、ドゥ・サン・ランベールに負けたのである。

四

さて、デュ・シャトゥレー夫人を伝えるためには、ぜひとも彼女の科学的業績に触れなければならない。けれどもここでは、ごく常識的で簡単な説明だけに止めよう。

一七三七年、フランス科学学士院では、〃火について〃の懸賞論文を募った。面白いことに、科学研究への関心において、エミリーの影響を受けていたヴォルテールは、長い間考えぬいた結果、一つの論文を提したのである。ヴォルテールの理論に不満を感じたエミリーは、締切の間際になってから、彼に告げずに自分でひそかに解決しようとした。そこで一週の間、毎日一時間ずつしか眠らないで、「火の性質とその伝播について」と題する論文を書きあげた。結果は翌年のはじめに発表されたが、賞はスイス生まれの大科学者オイラーたちの間に分配され、彼ら二人は賞に入らなかった。けれどもヴォルテールとエミリーの論文も、相当の価値あるものと認められたので、どちらも当選論文の次に印刷して掲載された。

ところが、この論文の著者たちは、一方は地位の高い婦人であり、一方はヨーロッパ最高の思想家・芸術家なので、世間的にすばらしい興味を呼んだ。エミリーはそのころまだ王子であったプロシアのフリードリッヒから、賞讃をきわめた手紙をもらったのである。一九世紀の中葉になって、有名な科学者のアラゴーは、「エミリーの研究は、当時の物理学者に知られたすべての性質に、立派な一つの描写（タブロー）を与えたばかりのものではなかった。そこにはいろいろな新しい実験の企画を見出だすことができる。その中の一つは、後にイギリスのハーシェルが受けついで、発展させたものである。」と評価している。

エミリーの第二の著述は、『物理学の学校（アンスティテュシオン・ドゥ・フィジック）』（初版一七四〇年）という単行本で、物理学の基礎または原理を説いたものである。彼女はこれを自分の息子たち（十三歳と十四歳）に捧げた。――

「わたくしの子供たちよ。あなた方は幸福な年ごろです。それは精神が考えることをはじめて、しかも、感情がまだ騒ぎださない時期です。こういう年ごろにおいてこそ、立派に教育されなければならないのです……。」

しかしこの時代にはまだ本格的な物理学ができあがっていなかった。彼女はこの書物の中で、おもにライプニッツの哲学を説き、時間、空間および力について論じたのである。そのころは力を測るのに、質量と速度の積〝運動量〟であるか、それとも質量と速度の平方の積〝活力〟であるか、そういう議論が盛んで、知識人が二つの党派に分れていた時代である[1]。前者はデカルトに始まり、それからニュートン、一段降ってヴォルテールなどによって、後者はライプニッツにはじまり、その一派とエミリーなどによって強く主張された。エミリーのこの書物は版も重なり、ドイツやイタリアでも反訳されて、好評を博した一方、反ライプニッツ派（たとえばフランス科学学士院の終身幹事ドゥ・メーランなど）から批判されて、論争をよび起こしたのであった。

ところがその後にエミリーは（多分一七四三年ごろから）、ライプニッツから離れて、ニュートンの説を信ずるようになり、ついにニュートンの主著『自然哲学原理』（いわゆる『プリンキピア』で初版は一六八七年）を、ラテン語からフランス語に反訳しようと企てるにいたった。元来ニュートンは自分で発見した微積分の助けによって、理論を築きあげたのだが、書物として発表する際に、わざわざ古代ギリシアの幾何学風に説明し、かえって解りにくい本ができあがったのである。そこでエミリーはクレーローの意見に従って、ニュートンが研究当時の姿に還すことにした。〝太陽系の主要問題の解析的解決〟と題し、各章にわたって、一切の計算を明示し、クレーローの校閲を経たのであった。（この反訳の二巻は、彼女の死後一七五九年に出版された）。この反訳は科学史家によって、「もっとも尊重すべき注釈に富む」と評価されている。

天才的数学者クレーローは、快活な好男子で社交界の花形であった。シレー城から、一友人に送ったヴォルテールの手紙の中には、「……あの世界最大の数学者の一人で、愛すべき人物が、やっとパリに帰っていった。私はある日彼らの仲のよさを妬（ねた）んで、度を越した癇癪をおこした、……」というのがある。また彼女の侍者の回想録にそれより何年かの後、クレーローが『プリンキピア』の注釈を校閲していたとき、ヴォルテールが大変な嫉妬をおこした（第三者からみると、まるで喜劇のような）事件が記されている。いずれにしても、難渋をきわめたニュートンの反訳・注釈はエミリーとクレーローとが、情熱で結ばれた協力によって成功したのだといえよう。

私はフランスにニュートンを紹介した功労者として、エミリーこそは、ヴォルテールとともに、第一に挙げなければならない人物だ、と確信する。こういう意味で、フリードリッヒ大王が、かれらを〝ニュートン・ヴィナス〟・〝ニュートン・アポロ〟と呼んだのも、はなはだしい誇張ではないと思う。

公平に考えてみて、デュ・シャトゥレー夫人には独創力が少なかったのであろう。しかし十九世紀のはじめに至るまで、どんな意味においても、卓抜な女性の数学者といえるものはきわめて少なかったことを思わねばならぬ。科学史家ルビエールは女性の数学者を数えあげて、

「第一に四世紀のヒュパティア（アレキサンドリア）。第二に、一八世紀前半のエミリー・デュ・シャトゥレー。第三に、つづいて直ぐに現われたマリア・アネシ（イタリア）。第四に、一九世紀のはじめのソフィ・ジェルマン（フランス）」

と述べているし、気高い心情の大科学者アンペールは、「デュ・シャトゥレー夫人は数学における天才である」と、讃えている。

（1）すなわちmvかmv^2かである。$\frac{1}{2}mv^2$（エネルギー）の概念は、一九世紀に入ってから、コリオリス（一八二九）によって、はじめて導入されたのであった。

五

かような科学的著作のほかに、エミリーには、『幸福についての反省』、『神の存在について』などの小著があるし、また『デュ・シャトゥレー夫人の手紙』が、アッスという人によって編集

されている。これらの資料を通じてわれわれは、エミリーの思想や性格を読みとることができるのである。

彼女はヴォルテールと同じように、自然神教（ディズム）の信奉者であった。同時に彼女は感覚主義者であり、快楽主義者であった。彼女は大胆に率直に、「われわれはわれわれの快い感覚を得させることのほかには、この世でなすべき何物をも持たない」と述べている。

彼女はじつに自然で、単純で、率直であった。思い切りがよく、そして論理的であった。他人が賛成しないことでも、正しいと思ったことは実行した。（実際一七三四年にヴォルテールの危難を救ったものは、かれの同志や友人たちではなくて、彼女であった。）彼女は真理と正義を愛した。そして人間が犯罪を罰することを望まなかった。他方、彼女は自分に反抗して書かれた冊子を読まなかった。また彼女は女性の学問研究を激励した。彼女は「ある女性が、十分すぐれた魂をもって生まれたと自覚したとき、彼女が境遇や身分から強いられる一切の圧迫と束縛から逃れて、心を慰めるものは、学問研究のほかにはないのである」と、強く訴えている。

その半面、彼女には軽佻な点があった。何よりも演劇が好きで、操り人形を見ては大笑いしたり、自分でヴォルテール劇の一役を演じて悦んでいた。それに首飾りや宝石に対する趣味が、あまりにも強かった。（ヴォルテールからの贈物には、そういう宝石類が多かったという。）ヴォルテールにはこんな詩もある。

この美しい魂は、あらゆる工合に

刺繍をした織布なのだ。
その精神はたいそう哲学的で
その心は身の飾り（ボンボン）を嬉しがる。

こういう面で――ヴォルテールとの交情への嫉妬もあり、彼女はその時代のある人々、特に気位の高い社交婦人たちから、ずいぶん酷評をうけ、〝信仰なく、操行なく、廉恥心のない女〟と罵られた。デュ・デッファン夫人といえば、有名なサロンの主人公として、多くの学者や知識人を集めた有力な女性であるが、彼女のエミリー観をきくがいい。――「背の高い、頑丈で、しなびた女。狭い胸、大きな手、巨大な足。ひどく小さい頭、薄っぺらな顔、尖った鼻、小さな海緑色の眼。暗い色の皮膚、桜色の顔、平たい口、……これが、あの〝美しいエミリー〟なのです。髪の、宝石の装飾の装い方は、なかなか贅沢でした。けれど財産以上に立派に見せたいばかりに、彼女は肌着のような必要品を着けないで、贅沢品を求めなければならなかった。」

こういう毒舌よりは、少し後の時代の文学者ルイズ・コレ夫人の次の描写の方が、むしろ真相に近いのかも知れない。――「デュ・シャトゥレー夫人は大きく、すらりとした体で、茶色の髪をもっていた。私は夫人が二十歳のときの大そう美しいパステルを見たことがある。そこでは夫人は白の総（ふさ）でかざった藍色のローブを着け、少し粉をまいた輝きのある髪、濃い眉の下に輝く大きな眼、微笑をたたえた表情的な口をもち、しなやかでほっそりした胴は、絹の胴着の中に開いていた。――もと彼女はかようであったし、あんなに短い生涯の終わりまで、かようであった。

なぜかというに、彼女の美はことに力と優美とを混じた、いきいきした特徴の中にあったのだから。」

エミリーの知性には、哲学的諸観念と共に、革命に先だつ不安の精神を伴っていた。彼女は科学者で思想家であると同時に、いわゆる〝貴婦人〟で衒学的であり、しかも浮気女らしい点さえもあった。――一口にいえば矛盾の女性であった。

恋愛についても矛盾があった。ヴォルテールとの関係は、恋愛と知的友愛との、十五年にわたる美わしい結合である一方、ドゥ・サン・ランベールに対する彼女の逆上せ方は、彼女の死によって終わりをつげた、狂気じみた野性的なものであった。

このような矛盾する情熱は、彼女をして理性と感情との極端な力を発揮させた。彼女は生涯を通じて夢中になれる、二つの興味の焦点をもったのである。――研究と恋愛と。

あのデュ・デッファン夫人は「エミリーの一生がめざましかったのは、全くヴォルテールに負うもので、彼女を不朽にするものは彼の力なのです」と酷評したが、当人のヴォルテールは、フリードリッヒ大王に送った手紙の中に、「彼女は偉大な人間でした。ただ一つの欠陥は女であったことです。」と書いていた。そして次の哀詩をつくったのである。

宇宙は崇高なエミリーを失った。
彼女は歓楽と芸術と真理を愛したのに、
あの魂と天才を彼女に与えた神々は

不朽性の外は護ってくれなかった。

デュ・シャトゥレー夫人の死から二年の後に、ディドゥローやダランベールの『百科辞典』の出版がはじまり、啓蒙思想が大いに普及してきた。死後の十三年には、ルソーの『社会契約論』や『エミール』が現われた一方、三十年目にはヴォルテールが死んだ。そしてニュートンの力学理論が、ラグランジュの『解析力学』によって、すでに一応の完成を見せた翌年、――ちょうど夫人の没後四十年目には、ついに大革命の嵐が荒れ狂いはじめたのである。

〔一九五二・五・二七〕〔『中央公論』一九五二年七月号所載〕

学問と言論の自由をめぐって

I君

長い間ごぶさたして済まなかった。僕は昨年の大患で一時はどうかと思ったが、今年の初夏のころからかなり順調になったので、この頃になって、老人の繰言（くりごと）めいた回想録を、ようやく四百枚近くも書き上げてみたが、しかし人間も、昔のことを筆にするようになっては、もはやおしまいなのだろう。

それにしても君はこの歳になって、よくもまだ国立の大学に勤めているなあ。噂によると、学問と研究の危機をはらんだ嵐が、またもや吹きだして来たというではないか。それは厄介なことになったものだ。尤（もっと）もかような事件が起きるまでには、ある教職員たちの行動の中で、保守政治家の目にあまるといったものが、しばしばあったのかも知れない。そういうことについては、現職の君の方がよく知っている筈だ。（面倒でも、どうぞ詳しくその実情を教えてくれたまえ。実はそれを目的に、僕はこの手紙を書いているのだから……。)

しかし民主主義文化国家を目指して進むべき日本政府として、こういう問題に対処するには、よほど慎重な態度を取らなければならないものだと僕は思う。現についこのごろの全国新聞大会に寄せた吉田首相の祝辞にもあった通り、「民主主義を真に国民のものとして確固不動のものにするには、国民が議論をつくし、お互いに納得して物事を決めるようにしなければならない」のだ。だから今度の問題にしても、せめて議会でなりと、十分に議論し尽くすべきものではなかったのか。僕は当局者に向かって、こう注意してやりたいのだ。

「あなたがたがこの問題を処理するのは、赤ん坊の腕を折るように容易なことかも知れませんが、それにはその後に来るものを、よくお考えにならなくてはいけませんよ。その後には、真理の怒り——ドイツ・ナチスや軍閥日本を滅ぼしてしまった、あの真理の怒りが、きっとやって来るんですよ。」

I君

僕は二・二六事件のあった年に、次のような言葉を書きつけたことがあったのだ。——

「科学的精神は、過去の科学的遺産を謙虚に学びながら、しかも絶えずこれを検討して、より新たなる、より精緻なる事実を発見し、より完全なる理論を創造する精神である。それは偏見とは凡(およ)そ対蹠的のものである。それ故に科学者自身にとっては、精神の自由な状態に置かれなければならぬ。……かくて吾々の科学者は、この意味に於て、本能的に精神の自由を愛する。

吾々の科学者は真理を追求し、真理を語るの勇気がある。吾々の科学者は、この意味に於て、本来ラジカリストである。」

こういった、わかり切った言葉を、十三年後の今日、もう一度繰り返さなければならないとは。……お互いに年はとりたくないものだ。

そういえばI君。おなじ中学時代に、ガリレオの「それでも地球は動く」と呟いたという伝説や「われに自由を与えよ、然らざれば死を」というパトリック・ヘンリーの演説を読んで、感激し合ってから、もう既に半世紀になった。その間にわが国も、科学の方では原子物理学のようなものを研究し得るほどまで進んだのに、政治の方はまた何という貧困さなのであろう。……

（一九四九・一〇・五）〔『日本読書新聞』昭和二十四年十月十二日所載〕

〔追記〕この短文が書かれた一九四九年は、戦後の日本が、はっきりと反動化しはじめた時期であった。九月には、公務員の政治活動を制限する人事院規則の発表があり十一月には、総司令部顧問イールズ氏が岡山大学で、はじめて赤い教授の追放を論じている。

自主性確立の為に

われわれが日本の独立と平和を貫きとおして、立派な祖国を建設するためには、何といっても国民の一人であるわれわれの各々が、確固たる自主性を持たなければならないはずである。ところが不幸にして、最近の日本では、政治家・実業家から学者・思想家にいたるまで、何の自主的精神をも持っていないかのように、基本的重大問題について驚くべき変説をする人たちがある。はなはだしきにいたっては、世界平和の代りに、戦争を歓迎するかのような言説さえも聞えてくる。

現にある修養団体では、顧問の実業家が、日本は「朝鮮戦乱のおかげで……これは神風でしょうよ。さもなければどうにもならぬ。(中略)朝鮮戦乱は全く神風だと思いますよ」と語っているが、かような言説こそは、素朴な多くの人たちをまどわせるものだ。年若い青年諸君――女子の方々も男子と同様に――は、頑迷固陋な考え方や反動的な態度に対して、十分な批判を加え、力強く抵抗しなければならない。現代の日本にあっては、こういう態度こそ、新しい道徳の一つの目標でなければならぬ。

さて正しい批判を行ない、自主性を確立するためには、まずできるだけ広い客観的な知識が必要である。はじめから一方的に偏った狭い見解にとらえられてはいけない。諸君はどんなに職務や家事・育児のために多忙であろうとも、その仕事と環境をとおして、人間的教養を積み知性を高めなければならないのだ。

しかし偏った見解というと、諸君は直ぐに、右翼思想と共産党ばかり、と思うかも知れないが、決してそんなものではない。たとえば個人について見ても、自分の地位や立場などばかりを気にする見解が、世の中にどんなに多いにしても、私は決してそれを中正な見解だとは信じない。そんな見解こそ、大きな偏見だと思う。しかも現実の世界では、そんな偏見の方がかえって多いのだ。ジョージ・サートンといえば、ごく穏健で円満なヒューマニストとして聞えた科学史家であるが、その人でさえも、「どの時代にも、光を恐れる人は、光を待望する人よりも、ずっと人数が多い」、と述べている通りなのだ。

厳正中立とか不偏不党を看板にかかげる新聞やラジオが、実際どういう見解を撒きちらしているかは、諸君の判断にまかせよう。こういう意味で、たとえば岩波の雑誌『世界』には、ありふれた新聞雑誌に見るをえない意見や記事が、しばしば掲載されるから、盲従せずに読めば参考になろうし、またアメリカの記者マーク・ゲーンの『ニッポン日記』(筑摩書房)なども、まじめな日本人にとっては、たしかに反省の資料になると思う。諸君も十分批判的な態度で、かような雑誌や書物に接するがよい。

しかし日本人全体として、自主性を確立するためには、もっと他の点についても考えてみなければならぬ。われわれ日本人は、どうしてそんなにも、自主的精神を欠いているのか。私の見るところでは、それは決して固定的な、いわゆる「国民性」などによるものではなく、ただ長い間、封建制や、絶対主義的・軍事的・官僚的圧迫によって、虐げられ屈服させられてきた結果――「長いものには巻かれろ」主義となって――自主的精神を失うようになったのだ、と思われる。

しかもわが国にはまだまだ封建的遺物が、いたるところに残っている。それどころか、終戦後における人間解放といった態度は、ただ一時的のものに止まり、現在では反動勢力のために一歩一歩退却しつつある有様である。心ある諸君は日本のこの現状を見て、どう考えられるか。

諸君はこの際、日本国民の自主性回復のために、「平和と人権」の新憲法を高く掲げて、封建制の遺物とどこまでも闘わねばならぬ。これこそ純真な青年諸君がとるべき正当な態度なのだ。こういう考えは決して偏見ではあるまい、と私は信じている。

諸君。どんなことがあっても、われわれは日本国憲法の旗を守りぬこうではないか。

〔『都新聞』(京都)昭和二十七年一月十五日所載〕

荷風文学と私

私のような自然科学方面の老人が、荷風の文学について語るのは、はなはだ僭越のように思われよう。けれども私は、青春時代における人生の危機を、荷風の小説を力として切りぬけた、とも言えなくないのであって、荷風に負うところ大なるものがあると、衷心から信じている。それで今ここに、主としてその事実について、ありのままに述べてみたいのである。もっともそれは、今から四十年ばかりも前のことで、その当時の私の読み方・味わい方は、恐らく小説の読み方ではなく、文学の味わい方でもなかったであろう。私のような主観的な見方をされては、作家その人にとってははなはだ迷惑なことであるかも知れないが、そういった点については——ただ昔の思い出ばなしとして——お許しを願いたいとおもう。

私が荷風文学に親しみだしたのは、明治三十九年のころからであるが、特にそれに熱中したのは明治四十二年から大正元年ごろまで（荷風が満で三十歳から三十三歳のころ）、私が満二十四歳から二十七歳のころまでのことである。

私は日本海に面した東北地方のある港町の回漕問屋に生まれ、幼にして父を失い、母は分家となったので、ただ一人の男児として祖父母のもとに成長した。当時の封建的な伝統的家風に従えば、当然家業見習いに従事すべきところであったが、少年の頃から化学に興味を持った私は、中学四年のとき、祖父の許可をえずに東京に出て、無理をおしきって東京物理学校に学び、日露戦争の最中に卒業して、さらに東京大学の化学選科に学んでいたのである。ところが当時六十四歳の祖父は病のために家業をみることも困難となり、私もまた著しく健康を害したので、やむをえず、明治三十九年の春、大学をやめて郷里に帰り、家業に従事しようと考えるようになった。こうして郷里において家業を見ながら、間もなく結婚したのが、それは二十一歳のときであった。しかしその頃は家業もすでにはなはだしく不振に陥った時期であったし、ことに冬季には用事も少なく、時間の余裕が十分にあったので、再び科学書を読みだした。そればかりか、それまではほとんど関心を持たなかった小説の類をも、日頃懇意にしていた書店に出掛けては、濫読しはじめたのである。

ちょうどその頃広く読まれていたのは、漱石の『吾輩は猫である』、『坊ちゃん』、『草枕』や、二葉亭の『其面影』、『平凡』などであったが、そういった作品は私の要求を満足するものではなかった。私の心の中は、家族制度・家業の引きつぎに対する懐疑やら、科学の研究に対する不満やらで一杯なので、何といっても、社会批判にわたるもの、反逆の精神を鼓吹するもの、少なくとも何らかの意味での、人間の解放を志す作品が欲しかったのである。さればといって木下尚江の『良人の告白』などは、あまりにも文学的価値に乏しかったたし、結局、私を捕えたものは、自然主義の文学でなければならなかった。——独歩の『独歩集』、『運命』。藤村の『破戒』、『春』。花袋の『蒲団』……。なかでも独歩の『牛肉と馬鈴薯』や『正直者』や『女難』などは、私の最も愛読した作品であった。（ただ藤村の『破戒』には、当時は案外に打たれなかった。それはその頃の私にとっては、何らの見聞をも持たなかった特殊階級の問題を、主題としたものだからであろう。また『春』も楽屋落ちの気味があって、文学青年ならざる私には、最初はあまりぴったり来なかったのである。）

私がはじめて荷風の小説——後に『あめりか物語』と『ふらんす物語』に収められた諸短篇——に接したのは、ちょうどその頃で、その印象記風な新鮮味に捕えられたのであるが、本当に打ち込んだのは帰朝直後の作品からであった。当時は自然主義文学の全盛時代で、いくぶん単調の気味があったところに、香気のきわめて高い、新しい色彩にあふれた荷風の文学が出現したのであったから、青春時代の私が、そういった点に共鳴したのは当然であったろうが、しかし私に一層深い感銘を与えたのは、そのなかにみなぎる社会批判であった。

そのころ家業に従事しつつあった私に、ようやく判然としてきたのは、家業が自分にとって全然不向きなことであった。しかもそれはさらに進んで、わが郷里における回漕問屋の将来についての疑問となってきたのである。

そこで、これまで興味を化学に集中してきた私は、今や方向を転じて、実験を要しない——家庭にあっても独学のできる——数学を専攻することに決心した。その結果として、明治四十一年以来、東京数学物理学会において、少しずつ貧しい論文の発表をはじめたのであった。けれども、かような二重生活の状態で、果たして数学の研究ができるものだろうか。思えばこの両三年の間こそは、私にとってははなはだしい不安の時期であり、それは正に一生の危機であった。四十二年の九月には、商用のために新潟に赴き、三月ばかりを同業者の宅に送ったが、これ以上家業をつづけるのは、到底耐え得ることはできなかった。私は断然家業を捨てて、職業的数学者たるべく、最後の決意を固めたのである。

ちょうど私のこの危機に出現したのが、帰朝後の荷風の小説であった。荷風は、一方武士的で漢学に長ずると同時に、他方洋学の素質もある、知識人の家庭に生まれたのであったが、彼は年少にしてすでに、堅苦しい封建的武士的な家庭の雰囲気に対して、まず反逆しはじめたのである。「私は乃ち父母親戚の目からは言語道断の無頼漢となつた。……私は父母と争ひ教師に反抗し、猶且つ国家が要求せず、寧ろ暴圧せんとする詩人たるべく自ら望んで今日に至つたのである。」(『歓楽』)

かくて『悪感』(四十二年)、『監獄署の裏』(四十二年)、『祝盃』(四十二年)、『歓楽』(四十二年)、『見果てぬ夢』(四十三年)、等々が続々と公にされ、日本の社会に対するはげしい批判が行なわれたのである。私は雑誌に出るのが待ち遠しく、書店に出掛けてはこれらの作品を読み、心の中に生気の蘇るのを感じた。反逆の精神——それは何物にも増して、私に勇気を与えてくれたのであった。（しかし『新帰朝者の日記』（四十二年）や『冷笑』（四十三年）などは、全体としては、あまりぴったり来なかったが。）

思えば明治四十二年九月、易風社版の『歓楽』が刊行されたとき、新潟の回漕問屋の二階で、いくたび繰返し繰返し読んだことだろう。

「博徒にも劣る非国民、無頼の放浪者、これが永久に吾々の甘受すべき名誉の称号である。……」

——この叫びを、私は一生忘れ得ないであろう。その年の七月『中央公論』誌上に発表された「牡丹の客」は、暑中休暇で帰郷中の友人たちと会食の折、批評の的となったが、過小評価する人たちが多かった。私は極力この作を弁護したので、「なるほど、『牡丹の客』は、細君を持った人でなければ、解らない味のものだね」などと、友達にからかわれたこともあった。

女と一緒になりたいばかりに、学問を捨てて俳優になろうとする長吉と、家業を捨てて学問に就こうとする私とは、いろいろの意味で正反対の人間ではあったが、ただ一つ共通点を持っていた。私は『すみだ川』（四十二年）の結末を幾度か読み返したことであったろう。

「自分（蘿月）はどうしても長吉の身方にならねばならぬ。長吉を役者にしてお糸と添はしてやらねば、親代々の家を潰してこれまでに浮世の苦労をしたかひがない。通人を以て自任する松風庵蘿月宗匠の名に恥ると思つた。（中略）蘿月は色の白い眼のぱつちりした面長の長吉と、円顔の口元に愛嬌のある眼尻の上つたお糸との若い美しい二人の姿をば、人情本の戯作者が口絵の意匠でも考へるやうに、幾度か並べて心の中に描きだした。そして、どんな熱病に取付かれてもきつと死んでくれるな。長吉、安心しろ、乃公(おれ)がついてゐるんだぞと心に叫んだ。」

もちろん蘿月の実行力もはなはだ怪しげなものではあるが、かような一人の同情者さえも持たなかった私は、どんなにかこの小説から、勇気を吹き込んでもらったことだろう。

さきほども物置を探していると、古い『中央公論』明治四十三年一月号が出てきた。それを見ると、次のような作品が並んでいる。――

徳田秋声「昔馴染」　中村星湖「雪国から」　森鷗外「杯」

正宗白鳥「俗医の家」　島崎藤村「スケッチ」　小栗風葉「無為」

永井荷風「見果てぬ夢」

思えば今より四十年のむかし、明治四十二年の大晦日に、私は店の帳場に坐り、年末の金銭の支払いをしながら、この雑誌を読んだことを、唯今でもありありと覚えているが、これらの小説中今もなお記憶しているのは、ただ荷風のものばかりである。


やがて間もなく、明治四十三年の春、二十五歳になった私は、母校（東京物理学校）の講師となって上京し、その翌年には新設の東北大学の助手として、妻子と共に仙台に移住することになった。ところが、その翌年（大正元年）にはついに祖父を失うに至ったので、いよいよ家業の廃止に決定し、間もなく祖母もまた郷里を引きあげて、仙台の家に同居することになった。かようにして家業の引きつぎに関する多年来の問題は、ここで一応解決を告げることになったのである。

ここに至るまでの間、封建的な家族制度や、家業の引きつぎと、学問の研究との間の矛盾のために、また家業を廃して学問を職業にしようとする不安のために、煩悶を重ねた苦闘の時代に、私の同情者となって、よく私を激励し、私を絶望から救ってくれたのは、何よりも荷風の文学であった。それは妥協をゆるさない、新しいモラルと力とを与えてくれ、実践の方針と方向とを私に暗示してくれたのであった。

さて創立当時の東北大学は、リベラリスト沢柳政太郎先生を総長とし、新興の意気がみなぎっていた。ことに数学教室では、多分に自由主義的な、そしてある程度まで反官僚的な林鶴一(つるいち)先生の主宰の下に、私たちはよく働いてはよく飲んだ。私にとっては、職業的数学者としての生活上の不安は、まだ十分に解除されなかったが、しかし一歩々々安定へと近づきつつあることが感じられてきた。

一方において、荷風は明治四十三年に慶應義塾文学部の教授となり、『三田文学』の主幹となったが、彼の作風はしだいに、江戸町人的な官能と遊芸の世界に遊ぶような、『新橋夜話』(大正元年)、『妾宅』(元年)、『戯作者の死』(元年)、『恋衣花笠森』(二年)……へと移ったのである。なぜに荷風はかような道を選んだのであろうか。それについては後に、幸徳秋水等のいわゆる「大逆事件」に関する感想を語った折に、彼は告白している。——

「明治四十四年慶應義塾に通勤する頃、わたしはその道すがら折々市ヶ谷の通で囚人馬車が五六台も引続いて日比谷の裁判所の方へ走つて行くのを見た。わたしはこれまで見聞した世上の事件の中で、この折程云ふに云はれない厭な心持のした事はなかつた。わたしは文学者たる以上この思想問題について黙してゐてはならない。小説家ゾラはドレフュス事件について正義を叫んだ為め国外に亡命したではないか。然しわたしは世の文学者と共に何も言はなかつた。わたしは何となく良心の苦痛に堪へられぬやうな気がした。わたしは自ら文学者たる事について甚しき羞恥を感じた。以来わたしは自分の芸術の品位を江戸戯作者のなした程度まで引下げるに如くはないと思案した。その頃からわたしは煙草入をさげ浮世絵を集め三味線をひきはじめた。……」(『花火』大正八年)

不幸にして当時の私は、かような荷風の真意を知るよしもなかった。それどころか、そのころの私は、ドレフュス事件も、否、社会主義のイロハさえもほとんど全く知らなかった、といってよいだろう。それに、年わかいそのころの私は、いわゆる純真な学生あがりではなく、多少なりとも、商人生活の一端を経験してきた人間であった。私はただ数学の研究と教室の事務以外には、飲んだり遊んだりすることに興味を持つようになってきた。しかもかような享楽主義のバイブルとしては、最も手近かな荷風文学が選ばれたのであった。私はかような荷風文学の悪用に対して、三十七八年後の今日でも、全く恥かしく思っている……。

さて荷風文学が私に及ぼした影響を思うとき、作家の年齢と若い読者の年齢との関係が問題となる。

古典は別として、現代の作家については、(若い)読者自身よりも少しばかり年長の作家のものが、一般的には最も親しみやすい、と私には思われる。青春時代の私にとっては、老作家の作品はあまりに縁遠かったし、またかなり年上の作家(たとえば独歩や藤村)などは、敬意を表しながらも、何か先生格で、心から親しむ気分にはなりえなかった。一方、自分と同年輩か(たとえば志賀、武者小路、谷崎)、自分より若い作家(菊池、芥川、……)のものは、何か人生の経験が足らないような気がして、はじめから批判的に読む傾向があった。ところが荷風は私よりも六歳上の、最も親しみやすい、いわば兄さん格にあたるのである。

しかも少年時代における荷風の家庭と私の家庭とは、教養上、全く対蹠的なものを感じさせるばかりでなく、荷風と私の専門や興味の間にも、著しい相違があるにもかかわらず、明治の末期から大正のはじめにかけて、荷風の成長と私の成長の間には、明らかに平行的な類似性を見出だすことができる。それは家庭における(何らかの意味での)封建性に対する反逆の精神の現われにほかならないと思う。荷風は自ら「博徒にも劣る非国民、無頼の放浪者」となることによって、真の詩人・文学者たろうと決心し、そこから出発を始めたのであった。人間としての私は、日本のいわゆる倫理や道徳によってではなく、荷風文学の反逆性によって救われたのである。実際荷風の作品こそ、私の一生中の最も決定的な日において、運命を支配する力を私に与えてくれたのである。

第一次世界大戦のはじまる頃から、私はだんだん多忙となるにつれて、荷風文学からもようやく遠ざかりはじめたが、それでもなお荷風を読むために、大正五年頃まで『三田文学』を毎号購入したばかりか、荷風が三田を去ってからも、雑誌『文明』の上で「腕くらべ」を読んだし、また『花月』という雑誌をも、方々探しまわって何冊か手に入れた覚えがある。大戦の直後、大正九年からおよそ二年の間、パリに滞在する機会をえたときには、『断腸亭雑藁』を鞄に入れて出発したのであったが、私が見ることのできたパリは、『ふらんす物語』に描かれたパリとは、相当違った世界であった。

昭和のはじめ、わが国における社会的風雲が、ようやく急になろうとするころから、私は思想上に一転機を来たし、専攻とする数学の方向や方法や内容についても、著しい変化を遂げるようになり、その必要上から、古い数学文献の蒐集をはじめることになった。それにつれて他の読物の種類もだんだん変わってきて、小説の類はどうしても縁遠くならざるを得ないようになった。けれども昔なじみのものだけに、荷風文学は一つの例外をなしている。

今日でも私の貧しい蔵書のなかには、初版の荷風物が十四点ばかりある。すでに老境に入った私は、終戦後とかく病気がちなので、病床で荷風を読む機会が多くなってきた。『腕くらべ』、『おかめ笹』、『雨瀟瀟』、『つゆのあとさき』、『濹東綺譚』などと共に、『歓楽』は、今でも愛読書の一つである。——ただ若い日に、あれだけ熟読した『歓楽』の易風社版を、蔵書の中に見出だしえないのを憾みとするが……。

今年もまた初春以来の長い病床生活から、ようやく起き上がったばかりの私は、荷風の日記や随筆を読むことを日々の楽しみにしている。——

「わたくしは既に中年のころから子供のないことを一生涯の幸福と信じてゐたが、老後に及んでますます此感を深くしつゝある。これは戯語でもなく諷刺でもない。竊（ひそか）に思ふにわたくしの父と母とはわたくしを産んだことを後悔して居られたであらう。後悔しなければならない筈である。わたくしの如き子が居なかつたら、父母の晩年は猶一層幸福であつたのであらう。（中略）父は二十余年のむかしに世を去られた。そして、わたくしは今や将に父が逝かれた時の年齢に達せむとしてゐる。わたくしは此時に当つて、わたくしの身に猫のやうな陰忍な児のないことを思へば、父の生涯に比して遥に多幸であるとしか思へない。若しもわたくしに児があつて、それが検事となり警官となつて、人の罪をあばいて世に名を揚げるやうな事があつたとしたら、わたくしはどんな心持になるであらう。……」（『西瓜』昭和十二年）

不幸の児と自称するこの「無頼の放浪者」の内に、なにか哲人の面影を見るとおもうのは、果たして私ばかりの錯覚なのであろうか。

（一九四九・六・一〇）〔『文藝春秋』一九五〇年二月号所載〕

私の信条

御自分の仕事と世の中とのつながりについて、どう御考えになっておられるか?

この問につきましては、私の仕事と世の中との関連について、ただ現在の感想を述べますよりも、自分の成長過程において、その関連状態がどう発展してきたか、それについて語った方が、当を得ているように考えられるのです。そしてもし私に一貫した信条といったものがあるとすれば、かような成長過程を通じて、その裡から見出だされることでしょう。

私が二十二歳のころ、自分の仕事として数学を選ぶようになりましたのは、全くその当時の境遇と科学研究の興味からきた結果であって、何も数学の研究によって世の中のためになろうと、とくに意識したわけではありません。それよりも、むしろ数学を職業として、生活の道が立てられるものならという希望の方が、強かったのです。その当時は郷里にあって、いくぶん家業を手伝っていたときなので、はやく家業を止めてしまいたいという気分からも、反抗的に、純粋な学問の世界にはいりたい、と念願していたわけです。

数年の後には幸いにして、ほぼ希望に近い生活にはいることが出来ました。そして「数学のための数学」という心境にあこがれながら進んだのですが、そこまで達することが出来ないでしまったようです。それといいますのも、私は二十一歳から四年の間、学生生活の代りに、ごく現実的な商人生活の一端に触れていましたので、学究としての生活に入った後も、ドイツ観念論のようなものを、現実の地盤の上に立たない、何か空な論理のように考えて、心から受入れることか出来なかったのです。

その上に、私は早くから数学の上で、思想的にフェリックス・クライン（一八四九―一九二五）の影響を受けていました。クラインはドイツの学者としては、珍らしいほど理論と応用、直観と論理の統一を心掛けた人で、「純粋数学と応用数学との間にできた溝に橋を架けた人」、また「形式主義の世界的流行に抗して、直観の正当性のために永く戦った人」といわれ、大体において唯物論者に近い自由主義者といえましょう。（現にクラインを自然発生的唯物論者と規定する学者もいるのです。）こういう傾向のクラインの思想は、私を観念論風の著作から遠ざけてくれたのでした。

しかしそのころは幸徳秋水らのいわゆる「大逆事件」の直後で、「社会」という名のついた出版物は、すべて禁止された時期なので、私は社会上の問題について、殆ど考えたこともなかったくらいでした。そのうちに、象牙の塔に立てこもっている自分の仕事が、社会のために何の役に立つのか、といった疑問が、ぼんやりと浮びはじめるようになったのは、第一次大戦中の一九一六年ごろからです。それは多分、そのころから始まった、デモクラシー運動からの刺戟による、と思います。

それ以来社会ということが私の意識の中に、だんだん明確になってきた過程を示しますため、私の書き残したものの中から、なんらかの意味で、社会に関連のある（またはありそうな）言葉を、拾いあつめて見ましょう。（年号は執筆の年を示します。）

一九一三　健実なる国民を養成。

一九一四　国民の一員として、国民教育、国民の養成。

一九一九　国家のため、一国の経済、近き将来における国民の養成、人本主義の戦士、人生と時代とに触れた教育、生のための数学。

〔一九二〇、二一の二年間は、第一次大戦後のフランスで送りました。〕

一九二二　社会各方面の人々、社会問題。

一九二三　極端に神聖視された国家組織、一般人民、人道主義。

一九二四　社会状態、人間社会の生活、近代社会、近代社会力。

一九二五　社会、社会生活、社会化、社会的目的、社会科学。

一九二七　社会意識、社会科学。

〔一九二八年から数学史に興味をよせ、ついに専らその方面の研究に向かうようになりました。〕

一九二九　社会組織、社会的経済的規定、階級社会、支配階級の利益と関心、科学の社会性、数学の階級性、階級社会の算術。

〔これより以後については、一々掲載の必要がありますまい。〕

この表によりますと、留学以前でも、一九一九年ごろになると、社会が、潜在意識として、考えられていたとも、いえるようですが、はっきりと私が社会という言葉を使用しはじめたのは、フランス留学から帰った直後であること。そして「階級社会」というはっきりした言葉は、数学史の研究をはじめてから使用しだしたことが判るのです。一九二二年から一九二九年にいたる期間は、あらゆる意味で、私の学問的転換期でした。

私は留学中、特にフランスの社会状態について調べたわけでもなく、そういった点では、二年間を殆ど無意識に過したのでしたが、しかしいつの間にかいろいろの意味で、デモクラティックな感化を受けたものらしい。それは文章でもわかります。留学前には邦文の学術論文を、私は殆ど全部文章体で書いていましたし、外(ほか)に何か口語体で書いたものがあるにしても、ごく堅苦しい感じのものでしたが、帰国後になると、全部口語体になったのです。実際の仕事としましては、数学の研究の外にも、科学の大衆化や、数学教育の改善のために努力し、そのために相当多くの時間をさくようになったのです。それからは、わが社会の烈しい風雲の動きを眺めながら、二、三年の間、病床で日を送ったのでしたが、恢復の後に、間もなく取りかかったのが、数学史の仕事でした。

それから後は、いつでも社会との関連において数学を見るようになり、とくにそういう立場から、数学史を研究したり、数学教育や数学の大衆化について、ささやかな仕事をつづけて来たのでした。もっとも日華事変以来終戦にいたるまでは、言論束縛のために、十分に突っ込んだ数学史の研究・発表は不可能となりましたし、また敗戦後は不健康のために、十分まとまった仕事が出来ないでおるのですが……。

そういう点を一応考えに入れました上で、そんなら、はっきりした社会意識をもってからの仕事と、それ以前の仕事を比較しますと、価値の上でどういう変化が起ったでしょうか？　この問は――私の場合にかぎらず、一般に――学問に志す人々にとっては、相当重要な課題であると思います。ただ残念なことに、私の場合には、じつは比較や評価が困難なのです。なぜかと申しますと、第一に、前の方は数学の研究なのに、後の方のは数学史の研究であって、非常に性質の違ったものなのです。第二に、数学についても、また数学史についても、私が力を注いだ研究と同じ種類や傾向のことについて、特に研究している人々は、その数が極めて少いので、真面目な批評に接する機会が非常に少いのです。（こんなことを自身で語るのもおこがましいことですが、力学と幾何学の両方に跨がった、一九一八―一九年の一連の仕事など、世界中で何人の人が読んでくれたでしょうか？）いずれにしても立派な大研究なら、こんなことはないはずですが、私のようなささやかな研究では、それが当然なのかも知れません。そういうわけですから、社会意識にふれた以後の仕事が、――ただ純然たる学問だけの立場からでは、――果して以前の仕事にまさるかどうか、自分には何とも判断が出来ないのです。けれども、もっと広い立場から、私としては、現在のような仕事の方が、自分の仕事としてふさわしいと考えております。その方が少くとも民衆の科学として意義があり、民衆の幸福のためになるのではないか。こういう考えの下に、仕事を進めているのです。

ところで科学史がほんとうに意義のある、生きた科学史であるためには、決してただ昔の話としてではなく、現代の課題と十分のつながりを持った、批判性の高いものでなければならないはずですが、半封建的な日本の科学界では、まじめな科学批判は禁物だったのですから、私はしばしばタブーを冒さなければなりませんでした。たとえば私は、一九〇二年日本最初の厳密な国家的教育統制が行われたとき、数学界の元老たちがどういう役割を果したかについて、徹底的な批判を行ないましたが、それはかような批判をしなければ、大正以後におけるわが数学教育のおくれを説明することが出来ないばかりか、かような国家的統制の失敗を明らかに伝えることなくして、何の数学教育史ぞや、と考えたからです。

また今日でも、大多数の知識人は、日本近代の数学といえば、すぐに菊池大麓からはじまるかのように思っていますが、それはちょうど憲法といえば、すぐに伊藤博文からと考えるようなもので、それこそ実証性を欠いた迷信に過ぎないのです。私たちは東京大学関係の人々が、数学界を独占する以前における、海陸軍関係や民間の数学者たちが行なった、基礎工事を無視してはならないのです。こういった基礎工事は、ある意味では、ちょうど自由民権運動――国会開設への基礎工事――に相当するもので、十分に注目すべき事実なのに、誰もやる人がおりませんので、私は自分で少しばかり調べてみました。明治以来の科学史といえば、ただ研究上恵まれた科学者たちの礼讃だけに終りがちなのは、甚だしい偏見であるばかりでなく、庶民的感覚を全然失ってしまったような科学史なら、ほんとうの歴史の名に値しないのではないか。——こうも思われるのです*。

しかし、科学史の中で一番大切なのは、何といいましても、現代史に相違ありません。ぜひ、そういうものに手をつけたいのですが、ある程度まとまった資料が手近かになければ、それも出来ないことです。それで私は自分にできそうな範囲の仕事として、ちかごろ病間をみては、二十世紀の数学教育について、纏った著述をやりだしております。もちろん、かような仕事をやる以上、そこには当然批判がはいりますので、それについての一切の責任は、自分で負わなければならないし、他人の感情や自分の利害を考えては、やれる仕事ではありません。私は覚悟をきめて、仕事を進めております。

終りに、政治的立場の問題について、一口だけ申しましょう。今日では、政治的に絶対的無色だとか、政治的関心を持たないなどという立場は、事実上、あり得ないことです。ところが自然科学者の政治的自覚は、ひどく立ち遅れていますので、私はどうしても自然科学者の政治的関心を高めなければならないと考え、ずいぶん長い間、微力ながらも、私にとって出来るだけのことは、やって来たつもりです。それと同時に、ほんとうに学問の研究に従事するものは、どうしても精紳的に自由を得なければならないと考えます。少くとも私自身としては、本能的にといってもよいほど、精神の自由を愛していると考えております。

最後に、私は、社会への関心というのは、決してただ社会を知ることばかりでなく、結局、もっとよい新しい社会建設への関心を意味する。という根本精神だけは、どんなことがあっても、決して忘れないで、一生を終りたいと思います。

（一九五一・一・二〇）〔『世界』昭和二十六年四月号所載の一部分〕

＊〔追記〕こういった問題については、私が最近書きました「資本主義時代の科学」（中央公論社版『新日本史講座』第十四回配本）を、ごらんください。

ルソーをめぐる思い出

「若し私が年金を受けたなら、真理、自由よ、勇気よ、皆おさらばである。」

堺利彦訳『ルソー自伝』

これまであまり気がつかずにいたのであるが、何かのおりに自分の半生をふりかえってみると、私はジャン＝ジャック・ルソーのことを、よく知りもしないのに、思いがけないほど、彼の影響を受けているのであるまいか。――こういう疑問が、最近しきりに浮かぶようになってきた。

私がはっきりとルソーの名に接したのは、一九〇〇年ごろ中学生の時分に、早稲田のある学生から、革命的政論家としてのルソーの話を聞いたときである。けれどもそれはただ〝フランス革命・ルソーの民約論・中江篤介（兆民）さんの逸話〟といった形の、ちょっとした話に過ぎなかったようにおもう。ルソーの全貌にわたって、幾分なりとも、くわしく知るようになったのは、それから十年以上もたって、堺利彦（枯川）さんの『ルソー自伝』を読んでからである。

堺さんの名が私の心に深く植えつけられたのは、日露の戦雲がだんだん急を告げてきたころ、内村鑑三さん・幸徳伝次郎（秋水）さんと共に、『万朝報』で非戦論をとなえ、最後に悲痛な「退社の辞」をかかげて、三人で万朝報社を去ったとき（一九〇三年の秋）であった。そのころの私には、非戦論が正しいかどうかについて、よく分らなかったが、しかし権力に屈服することなく、断乎として進まれた堺さんたちの態度には、感激したのであった。

そのとき私は学生として東京にいたのだが、一九〇六年の春には学校をやめ、郷里にかえって家業につき、その初夏には、幼少のおりから私の家でいっしょに育ってきた許嫁（いいなずけ）と結婚した。しかも依然としてその家に住んで、今までどおりの生活をつづけたのである。ちょうどその頃、堺さんの新著で『家庭の新風味』と題する、五、六冊の小冊子が現われた。それはかなり文学趣味の濃厚なものであったが、その中で堺さんは家族制度や夫婦関係について、新しい進歩的見解を示された。私たちの結婚や家庭は、もっとも封建的な旧式なもので、せっかく『新風味』を読んでも、何一つ実行しえなかったように覚えている。しかし、とにかくこの本は、家族制度や家庭生活について、新鮮な人間的・社会的感覚を植えつけてくれ、堺さんといえば、何かやさしいおじさんのような好感を、私に与えてくれたのである。〝赤旗事件〟というのは、たしかその翌年あたりの出来事で有力な社会主義者としての堺さんを、そのときはじめて知ったのであった。けれども『新風味』から受けた柔かい印象のためであろうか、私は〝怖い人〟といった感じを少しも受けなかった。

それからおよそ四年の後に、私は大学の助手として仙台にいた。そのときである、堺さんの『ルソー自伝・赤裸の人』（一九一二）が出版されたのは。私はさっそくそれに飛びついて再読三読した。序文によると、そのころ日本では、民約論が行なわれているばかり、『エミール抄』はあるが広く読まれず、自伝も雑誌でときどき紹介される程度だとある。自分は獄中で『懺悔録』の英訳を読んで、大胆率直な告白に敬服し、「人間の真相を知る」に有益なものとして、昨年九月から『二六新報』に連載したのを、まとめたのだとある。自分は「可なり忠実な、可なり細密な注意をした積り」だが、「とにかく此書は『ルソー自伝』其者ではない、堺利彦の反訳した『ルソー自伝』である」ともある。

まったくこの本は面白かった。けれども私はルソーの著述の内容について、ほとんど何も知らないばかりでなく、十八世紀ヨーロッパ社会の状態や、中に出てくる人々についても、予備知識が足らないので、実質的にはよく理解しえなかった。非常に面白かったというのは、いわば読物としての小説的興味からであったと見るのが、本当のところであろう。しかしそれにもかかわらず、この書物はきわめて大切なことを、私に教えてくれた。じっさいルソーこそは、彼の全生涯を通じて、既成概念に捕われず、自分で見、自分で考えることの重要さを、はっきりと身を以て示してくれたのだ。それのみではなかった。かれは自由・独立の精神が、人間にとっていかに尊いことかを教えてくれた。かようなことは、町人の子として生まれ、官僚的階級制度に対して、ひそかに本能的反感を抱いていた官学の助手にとって、何よりも大きな教訓であったと思っている。

抄訳というものの、それは四三二字詰で三八一頁、ほかに年譜を添えてある、相当詳しい本で、それが平易練達の文で書かれているのだ。つい最近も通読してみたのであるが、堺さんの文章はさすがにえらいものだと思った。大衆向きの伝記としては、固有名詞と他にちょっと手を加えるなら、今日でも立派に通用する。[1]

堺さんの序文の終わりには、「左の諸氏に対し、謹んで敬意を表す」として、その中に、〝此書の英訳書を貸して呉れし幸徳秋水〟が挙げられている。堺さんの書物は一九一二年一月二十八日発行であるが、堺さんが抄訳した英訳本の所有者の幸徳さんは、いわゆる〝大逆事件〟のために、そのすぐ前の一九一一年一月二四日、死刑になっていたのである。堺さんとしては、親友であり同志でもあった、幸徳さんの記念の意味をも含めて、この革命児の自伝を出版されたのかも知れない。

それなら私がどうしてそんなに、『ルソー自伝』に飛びついたのか。それは、二年ほど前に、島崎藤村の感想集『新片町より』(一九〇九)を読んでいたからだ。この感想集の中には、「ルウソオの懺悔中に見出したる自己」という一篇がある。それによると、島崎さんは二十三歳のとき(それは大体一八九四年、雑誌『文学界』が生まれた翌年あたりのことであろう)、石川角次郎という人が、アメリカから持って来たルソーの英訳を借りて読んだという。——

「私はその頃、いろいろ〱と艱難をしてゐた時であつた。心も暗かつた。で、偶然にもルウソオの書を手にして、熱心に読んで行くうちに、今迄意識せずに居た自分というものを引出されるような気がした。……此書を通して、近代人の考へ方といふものが、私の頭に解るやうになつて来て、直接に自然を観ることを教へられ、自分等の行くべき道が多少理解されたやうな気がした。……それはずつと以前の話だが、その後…私はギョエテの所謂〝芸術の国〟を離れて、復(ま)た〱ルウソオに帰つた。そして更にルウソオから出発した。[2]」

「私がルウソオに就て面白く思ふことは、唯〝人〟として進んで行つた処にある。あの一生煩悶を続けた処にある。ルウソオは人の一生に革命を起した。その結果として、新らしい文学者を生み、教育家を生み、法学者を生んだ。ルウソオは〝自由に考へる人〟の父であつた。」

「ルウソオの『懺悔』を読むと、所謂英雄豪傑の伝記を読むやうな気がしない。……彼の一生は近づくべからざる修養とも見えない。……吾儕は彼の『懺悔』を開いて、到る処に自己を発見することが出来る。」

島崎さんのかような見方については、もとより議論の余地があるだろう。だが、当時ルソーについて何一つ知らなかった年わかい私――そのころ家族制度と学問との矛盾になやんでいた私――は、この文章を読んで強く打たれた。私は近代的自由思想家としてのルソーに、あこがれてしまったのである。ことにこの感想集の序文にある、「吾儕は〝人〟としてこの世に生れて来たものである。ある専門家として生れて来たのではない」という言葉は、多分ルソーの一生を島崎さん流に解釈して、さらにそれを一般化した規定であろうが、それは私の人生観や学問に対する態度の上に、大きな影響を与えてくれた言葉であった。だからこそ、私は一日も早く人間ルソーの全貌を知りたくて、『ルソー自伝』に飛びついていったのである。

ところでルソーを詳しく知るためには、抄訳ではどうも物足らなかった。そのうちに生田長江さんと大杉栄さん共訳の『懺悔録』(一九一五)が出た。これは全文六号活字で、少し読みにくい書物であったが、何しろほんとうの全訳で、それに訳文もよかったし、――堺さんの本と全く同じ理由で、よく理解はできなかったにせよ――私にとっては感激の書であった。私はこの書物を、遊びに来る学生たちにも薦めた。また〝現代青年に読ませたしと思う書籍〟という、ある雑誌のアンケートに答えて、(トルストイの『戦争と平和』などと共に)、私はこの『懺悔録』をあげたこともある。ただそのころの私は、ずいぶん専門の仕事に追われがちだったので、ルソーの本を実際どれだけ読みとることができたのか、何だか怪しいように思われる。

それにしても大杉さんは私と同じ年だから、あの訳を出されたのは三十歳のときだ。それも忙しい運動やら編集やらの片手間に、ああいった立派な反訳を平気で仕上げている。何といっても、よほどすぐれた人であったに相違ない。それに『民約論』が中江さんによって(漢)訳されたのは当然としても、『懺悔録』が堺さん・大杉さんという、社会主義者の手によって伝えられたのは、非常に意味深いことで、日本文化にとってはまったく皮肉な一つの象徴であったといえるだろう。(後になって、この二人が、それぞれ自叙伝を書かれたことも面白い。それは共に『改造』に連載された。)

大杉さんに関連して思いだされるのは、伊藤野枝さんのことである。平塚明子さんの論集『円窓より』(一九一三)を開くと、「欧洲に於ける婦人運動は、かのルソーの自由平等の天賦人権説に刺戟せられ、個人主義的思想の発展に伴う婦人の自覚に基く」とあるし、また一方、日本婦人運動に指導的な影響を及ぼしたエレン・ケーは、ルソーの大きな影響を受けた婦人であるから、野枝さんもルソーと無関係とはいえないような気がする。私は一九一五年のころ、野枝さんと文通をしたことがあった。

そのころの私は、平塚さんを中心としたグループの雑誌『青鞜』の読者であった。その雑誌に野上弥生子さんの訳で、『ソニャ・コヴァレウスカヤ』[3]が連載されたが、中に出てくる数学関係の専門語について、ちょっと注意してあげたい個所があった。私には野上さんの住所が分らなかったので、雑誌の編集責任者である伊藤さんに手紙をやることにした。それというのも、私もそのころ野枝さんの訳した『婦人解放の悲劇』(一九一四)——エレン・ケー女史の『恋愛と道徳』のほかに、無政府主義者エンマ・ゴルドマン女史の『結婚と恋愛』ほか二篇を収めた論文集——を読んで、野枝さんの若々しい仕事ぶりに関心を寄せていたからであった。野枝さんからは長文の手紙が来た。ただの礼状ではなく、それは主として『青鞜』に対する男性知識人の無理解と、進歩的な婦人雑誌の経営難を訴えられた、興味のふかい手紙であった。(惜しいことに、いつの間にかこの手紙は紛失してしまった。)

それにしても大杉さん・野枝さんの一生こそは、あらゆる意味で、日本における一種の典型的な、まことに痛ましい〝人間解放・婦人解放の悲劇〟であった。

それから三年ばかりたって、第一次世界大戦の直後、一九二〇年の一月下旬に、私はパリのパンテオン広場に面した宿にいた。宿のすぐ前には、誰かの立像がたっていたが、間もなくそれがルソーだと、わかったときには、何か嬉しいような懐かしいような気がした。こうして私は自分の室から、毎日毎日ルソーの像を、二年間も見下ろして暮らしたのである。昼の間は観光客や外国の青年らしい人たちが、ときどき像の前に立っている——なかには沈思黙考しているような人もあったが、夕方になると、像のあたりは、いつもきまって、幼児をつれた、子守りのような娘さんたちの遊び場になるのであった。

こんなにも私はルソーの像と、身近く親しくなったのに、いま考えると不思議なほど、ルソーその人に対しては無関心に過ぎた。彼の著作を買いもしなければ、彼に関する書物を読みもしなかった、いま私の手許にあるガルニエ版の『エミール』は、同じ宿にいた東ヨーロッパ（？）のある学生が、この宿を去るとき置いていったのを、私が宿の娘さんから貰ったもので、いまも書物の中に、その学生が残した、フランス語とルーマニア語か何かの対訳表が、一枚はさまれている。しかも私はついこの間まで、この書物のはじめの方、五頁ぐらいしか読んだことがなかったのである。

しかし、とにかく二年間もフランスに住んだということは、間接ながらも、ルソーを理解するのに相当役立ったものらしい。ルソーが持ついろんな面の中でも、特に〝自然に帰れ〟という面は、いつの間にか、私の心に深く染みこんだものと見える。日本に帰った直後（一九二二）の講演で、アインシュタインの相対性理論に現れた、新しい幾何学について語りながら、私はこう述べている。「〝自然を認識せんとする希望が、数学の発達に最も永久的で而も有効な影響を及ぼした〟と、二十年前にポアンカレは申しました。〝自然に帰れ〟というジャン＝ジャック・ルソーの叫びは、文字通りの意味に於て、幾何学者への忠告でなければなりません。」（もっとも私は一九一三年ごろから、大体こういった考えをも採入れて、仕事をしていたのであったが。）

それればかりではなかった。かような考えは、そのころだんだん構成されてきた私の数学教育論(4)の上にも、大きな影響を及ぼしてきた。私は初歩の段階にあっては、『ユークリッド』の代わりに、まず直接に大自然から学ぶべきだと説いた。子供の立場の尊重といい、直観や実測・作業の重視、その他いろいろの点において、私の主張とルソーとの間には、本質的な問題について、共通点が多かったのである。それも私がまだ『エミール』を読まないうちだから、不思議なようでもあるが、事実それは私が二、三のありふれた教育書のなかから、断片的に抜き出して適当にまとめたのが、そういう結果になったのだと思う。なぜなら、評伝『ジャン゠ジャック・ルソー』の著者アルテュール・シューケが述べたように、「『エミール』ほど反響を与えた作はない。人は到るところで、その模倣をしたり、修正をしたり、批評をしたり」しているのだから。

間もなく私は病気になって、大正の末から昭和のはじめにかけ、二、三年の間静養した。その病臥中に、平林初之輔さんと柳田泉さん共訳の『エミール』(一九二四)を半分ばかり読んでみた。訳はかなり解りよくできているのだが、何といってもこれは、もともと寝ころんで読むべき書物ではないのだ。私は面倒なところを飛ばしながら、はじめから第三篇の中ほどまでと、第四篇の一部(あの名高いサヴォア僧侶の信条告白)を、ざっと読んだに過ぎない。そして自分の数学教育論の中で、ルソーの精神をあまり誤解していなかったのに、安心もし感謝もしたのであった。

その後私は平林さんと、妙なことから交渉をもつようになった。まず平林さんが訳された、ポアンカレの『科学者と詩人』(一九二八)の原書は、岩波茂雄さんを通じて私がお貸ししたものだ。〝いよいよ「岩波文庫」を出すから〟といって、(大阪の近郊に住んでいた)私のところにやって来られた岩波さんは、〝何か訳して面白そうな本はありませんか〟といいながら、この原書を他の本といっしょに持っていったので、平林さんが訳されたことは、訳が出てから知ったのである。

そういう縁故もあって、その翌年(一九二九)の夏、私が〝数学(算術)の階級性〟に関する論文を『思想』に寄せたとき、平林さんはさっそくこれを、『東京朝日新聞』の文芸欄で取上げて、きわめて好意ある批評をしてくれた。平林さんはその直前に、〝文学の政治的価値と芸術的価値〟について、活発な論争をやっていたのであるが、私の論文が、『文学理論の諸問題』（一九二九）の著者によって、ひろく世の中に紹介されたことは、全く意外なことでもあり、感謝すべきことでもあった。平林さんはやがてフランスに留学され、パリに着いて間もなく、いよいよこれからというところで病没されたのは、何といっても惜しいことであった。たしか一九三一年の秋だったと思う。講義のために広島にいた私が、川に臨んだ閑静な旅館――それは今度の原爆の中心のすぐ近くである――から、東京の未亡人にあてて、追悼の電報を送ったのを記憶している。

そのときの広島の講義の一部を基にして、私は『数学教育史』（一九三二）を書きあげ、その中に『懺悔録』と『エミール』から、少しばかり抜き書をした。少年の数学教育に対するルソーの考えは、きわめて進歩的な、価値高いものであった。それは〝二十世紀のはじめにおける、ジョン・ペリーたちの数学教育論と、まっすぐに結びつくものだ〟と、私はそのころそう考えたし、今でもそう思っている。

それから二十年たった。

今年の春になって、私はある必要から、『懺悔録』をゆっくりと丁寧に読み、ことに後篇は二度も読みかえした。つづいて『エミール』の第五篇を、ところどころガルニエ版と対照しながら、終りまで読みとおした。これまで十分に会得されなかったことが、この老年になって、かなりよく解るようになった気もするし、またこんな面白いものを、今まで気がつかなかったり、知らずにいて、ずいぶん損をしたという感じもする。もし幸いにして健康がゆるすなら、今度は『新エロイーズ』をゆっくりと読んでみたいと思っている。

世の中には、一度も会ったことがないのに、妙に忘れられない人があるものだ。ルソーの訳者であった堺利彦さん・大杉栄さん・平林初之輔さん。それに幸徳秋水さん、伊藤野枝さん。――こういう人たちの名は、私の胸にふかく刻みつけられて、何かのおりには、きっと蘇ってくるのである。

（1）この書物の中で、いちばん気にかかる錯誤は、ルソーが熱烈な片恋をよせた女性として、彼の生活および作品に大きな影響をあたえたMme d' Houdetotが、ただ一個所にフーデトー夫人と書かれてあるほかは、全部ホルバッハ夫人になっていることだ、この女性はd' Holbach（この本ではホルバッハ）の夫人でないばかりか、本物のMme d' Holbachが一度出て来るのだから、まことに困るのである。（年表にも同じ錯誤がある。）

（2）今この文章を読みかえしてみて気がついたのは、島崎さんは自然の描写におけるルソーを認めたが、抒情・告白におけるドゥ・スタール夫人やラマルティィーヌ等々の父と見ないで、専ら（もっぱ）フローベールやモーパッサン等々の先駆者として、ルソーを見ていることだ。今日の文学常識からみると、ちょっと意外に思われるが、それというのも、自然主義時代の島崎さんは、多分ルソーを専ら『懺悔録』ばかりによって見ていたからであろうと思う。このような見解は、〝何故告白ということが、自然主義小説の主要なテーマとなったか〟という、中村光夫さんの課題（『文藝』一九五二年六月号）に対して、何らかの暗示を与えないであろうか。

(3) ソニヤ・コヴァレウスカヤは、婦人解放問題の立場から見ても、はなはだ注意すべき代表的な女性数学者であるが、私はまだこのような問題を研究している科学史家がいるかどうかを知らない。

(4) たとえば『数学教育の根本問題』(一九二四)を見よ。この書物の中扉には、さきに述べた島崎さんの言葉が掲げられている。

(一九五二・七・一〇)〔『改造』一九五二年九月号所載〕

門外書評

あまり評判が高いので、レマルクの『凱旋門』の訳を、病床で二度ゆっくりと読んでみた。第二次世界大戦前夜の不安を背景とし、無旅券のままナチのドイツから逃亡して、パリの避難民ホテルに住み、病院の幽霊外科医として生活する、ラヴィックという異常な人物を主人公とするだけに、目新しい題材であり、それに筋も面白く、スリルの多い、映画的な作品である。行動の描写は実に細かく、試みにパリの地図を開いてラヴィックの足跡をたどると、どの街からどの角を曲ってどの町を歩いたかを、一々はっきりと指摘し得るくらいであり、その上に、局部的ないくつかの場面は極めて印象的であって、読者の頭に永く残るであろう。この小説がベスト・セラーに値する所以(ゆえん)である。

しかしながらこの長篇の全巻を通じて、作者は一体何を語ろうとしたのか。作者は主人公の一女友に、「ドクター・ラヴィックには理論があるのよ。……偶然の系統論ていうのだわ。それによると一番にありそうもないことが、実際には一番論理的なのよ。」と語らせているが、この憐れむべき「偶然の系統論」のために、作者自身が個人対社会の問題を見失ってしまった。そこにはラヴィックの避難民としての面と、ゲシュタポの手先に対する個人的復讐のみが強く描かれ、ファッシズムに対しては何一つ満足な批判を聞きえないのである。

また欧洲の不安を描くためには、少くともパリの市民・勤労階級の実情に触れなければならない筈なのに、作者は無用と思われるほど多くの諸外国人と、特殊病院や売笑婦などばかりを採上げて、何一つフランス人のまともな生活を観察しなかった。それがために、ナチスの攻勢に対する民主主義国の絶望感のみが、圧倒的に強調されて、歴史の必然性――将来への見透しや希望の光は、全く封じられてしまったのである。

かような意味で『凱旋門』と対蹠的なのは、宮本百合子氏の長編『二つの道』〔編註『二つの庭』〕と『道標』とであろう。ここには個人対社会の課題、人間の自己革命の問題が、リアリズムの手法によって本格的に取上げられている。私はこれこそ今日の日本が持つ最高の作品たるべきを期待しているので、未完の作に対して礼を欠くかも知れないが、敢えて率直の言を呈したい。

この注目すべき作品の中にも、私には相当複雑な事柄を、あまりに簡単に割り切るような、何か一種の公式主義的なものを、しばしば感じられるし、またどうかすると上から見下ろすような批評の態度が、往々目につくのを遺憾とする。作者の性格から推察すると、問題をどんなに地味に取扱っても、決して作品を暗くしたりする恐れはないと考えられるので、私はどんなものをも決して手軽く取扱わず、反省に反省を重ねて執筆されることを、切望して止まないものである。

最後に石川淳氏の『しのぶ恋』（最近作『処女懐胎』は案外つまらなかった）、太宰治氏の『ヴィヨンの妻』等々に触れてみたい。元来石川、太宰諸氏のものは、確かに戦後の日本の現実の一面――宮本氏の『風知草』や『播州平野』とは反対の面――に、意識的なデフォーメーションを施して、前述のいわゆる「偶然の系統」を強く押出した作品である。

かような作品が日本に生れるようになったのも、それを生みだす物質的並びに精神的基盤が実在するからであり、それは何人（なんぴと）も率直に認めなければならない事実である。そればかりでなく、これらの諸氏の作風を好まない私も、作家としての諸氏の素質と才能に対しては、決して低く評価しないものであるが、ただ私は、近き将来において諸氏が必ず行き詰まり、おのずから作風を変更するようになるだろう、と予想する。（坂口安吾氏などにも及ぼしたいが、もう紙数がなくなった。）

いずれにしても、私の今日特に待望するのは、勤労階級を代表する健実な、たくましい作家が現われて、石川氏らを圧倒する作品を、一日も早く実際に示されたいことである。

（一九四七・一二・二〇）（『日本読書新聞』昭和二十三年一月一日所載）

門外から

今の日本で、知識人、少なくとも文学のまじめな読者層は、小説に何を求めているのでしょう。それは単なる面白さや新しさといったものではなく、結局のところ、人間いかに生くべきかの問題への、何らかの示唆であろうと考えます。

ところが近頃の小説では、宮本百合子さんのもの[1]などを除きますと、かような要求に応ずるような作品はほとんど絶無なのです。もちろん狭苦しい文壇的世界や、近代的虚無などを覗かせてくれる作品があるにしましても、それらは今日の激しい現実社会には、ほとんど通用しないものです。だからこそ、社会不安やイデオロギーの抗争などを、まともに採上げた翻訳小説が、ひろく読まれているのだと思います。

今日はわれわれ日本人にとって、実に苦難の時代です。しかし考えようによっては、こういう時代にこそ、偉大な作家の出現を待望すべきではないでしょうか。じっさい今日ならば、採上ぐべき題材はいくらでもある。その点では日露戦争の直後、自然主義文学の台頭時代などとは、非常な違いだと思います。たとえば家の問題にしましても、太平洋戦争から戦後にかけての転換期をひかえて、島崎藤村の『家』などとは全く違った立場から、いくらでも取扱いうるはずです。

私から見ますと、日本の作家たちは一般に器用です。まったく器用すぎるほどですが、アーティザンであって、アーティストではありません、(2)こう申しては失礼かも知れませんが、思想的にも、社会的にも、十分な成長を遂げていないように感じられます。(3)そしてこういう点にこそ、われわれの本質的な課題があるのではありますまいか。(4)

(1) 宮本さん、こんどお書きになるという、『春のある冬』以後の作品では、残酷と思われるほど皮肉な態度で、伸子を分析してみて下さい。期待いたします。

(2) このごろ尾崎一雄氏の『N君健在』と、上林暁氏の『零落者の群』を読んで、かなりの善意を感じました。尾崎、上林の両氏よ、規模においては小さくとも、現実日本の課題とまじめに取組んだ仕事を、ながくつづけて下さい。

(3) 期待して読んだ広津和郎氏の『本郷附近』には失望しました。広津氏よ、今の日本では、あなた方こそ纏まった野心作を示すべきではないのですか。また火野葦平氏の『追放者』には、いやな気がしました。自己批判のルーズな、こういう作品を許しておくようでは、文壇の良心が疑われてもいいでしょう。

(4) こういう点については、作家ばかりでなく、自然科学者なども同様だといえましょう。これは何といっても、広い意味での日本文化の一つの著しい特徴だと信じます。

(一九五一・一・一二)〔『中央公論文芸特集』一九五一年一月所載〕

〔追記〕この短文は、宮本百合子さんの存命中に書かれたものだが、宮本さんは、これをお読みにならないうちに、急逝された。記念のために、ここに書きそえておく。

読書雑感

N君。しばらくごぶさたして済まなかった。今日はからだの調子もいいし、雨ふりで散歩もできず、それに訪問客もないので、最近読んだ書物の感想でも、少しばかりお伝えすることにしよう。

アンドレ・モーロアの小説というのは、これまで読んだことがなかったので、『宿命の血』（原書は一九三二年出版）の訳をよんでみた。母と娘の二代にわたる姦通を主なテーマにしたもので、女主人公たる娘の性格も面白いのだが、〝めでたしめでたし〟という妥協的な結末では、結局欺瞞的な解決であって、ほとんどナンセンスにおわっている。そういう意味では全然失敗の作だと思う。

それとも、フランスの社会秩序を維持するためには、こんなに見えすいた欺瞞的解決をも、あえてしなければならないのだ。——そういった家族制や夫婦生活の欠陥をとりあげて、問題を提起したつもりなのであろうか。あるいはまた、改造とか変革とかいうことは、個人的にも、社会的にも、実際には非常に困難なことなのだと、今さら改めて〝現状維持〟を説教しようというのであろうか。僕にはどうもそうとは受入れられないのだ。また作者は得意げに音楽のことを絶えず持出してくるが、あれでは人間を高めるための音楽でなくて、麻酔剤としての音楽ではないのであろうか。

もっとも、この作が書かれた時代のフランスは、第一次世界大戦の後、ソヴェートが確立する一方、ナチスが台頭しはじめるし、経済的には世界大恐慌で、まさに不安の危機であったのだ。それで頽廃的気分が濃厚であると同時に、一切のものを、たとい欺瞞的にでも無理に解決しなければ、どうにもやって行けない〝不安のフランス〟を象徴した作品と解釈するなら、かなり意味があると思うが、それならもっと他の書き方があろうというものだ。

しかしこの小説に対する僕の興味は、それよりももっとほかの点にあった。この小説の男女の主人公たちがパリ大学の学生生活をおくったのは、第一次世界大戦の直後一九二〇年前後であるが、ちょうどそのころ、僕はパリに留学して、主人公たちの住所の傍(そば)に住み、かれらと同じ街を歩んでいた。しかも彼らの生活を細かに描写した作者のモーロアは、僕と全くおなじ年齢の人なのだ。つまり僕が見たとおりの男女の学生たちが現われてくるパリの生活――僕にとっては、じつに感慨無量というわけだ。こういった甘いところがある人間なんだよ。

N君。永井荷風の『日記』が、全部出揃ったので、丁寧に読みかえしてみた。元来、荷風は耽美派と呼ばれながらも、一面では、文明批評家といった色彩の濃厚な作家であった。ところが明治の末期に、幸徳秋水らのいわゆる大逆事件に接したとき、荷風はこう感じたのだ。――「文学者たる以上、この思想問題について黙していてはならない。……然しわたしは世の文学者と共に何も言わなかった。私は何となく良心の苦痛に堪えられぬような気がした。わたしは自ら文学者たる事について甚しき羞恥を感じた。」

それからのち、荷風はわざと戯作者のまねをして、社会から隠れようとつとめ、ある程度のニヒリストになったのだ。けれども彼の良心は、完全な戯作者や虚無主義者になり切ることを到底許さなかった。日記の中には、荷風がどんなに平和と文化を愛したか、弱者に同情したか、そして戦争や暴力を、軍国主義とファシズムをどんなに嫌ったか、そういったことが具体的な事実を通して、はっきりと現われているのだ。

たとえば、満州事変が起こってから、「武力を張りて其極度に達したる暁、独逸帝国の覆轍を践まざれば幸なり」(昭和七年)と述べているが、これはまさしく予言的な言葉であった。「二、三年来軍人その功績を誇ること甚だしきものあり、古来征戦幾人カ回ルとはむかしの事、今は征人悉く肥満豚の如くなりて還る、笑うべきなり」(昭和八年)と、痛烈にやっつけている。弱者への同情としては、昭和十四年浅草オペラ館に出演中の朝鮮人が、ただ朝鮮人なるがために、警官の圧迫をうけた事実を記しては、「この話をききても、日本人にて公憤を催すものは殆んど無きが如し」と述べているし、第二次世界大戦がはじまったときには、「ショパンとシェーンキウイッチの祖国に勝利の光栄あれかし」と願った。

荷風は本質的にきわめて潔癖で、激しい道徳的勇気をもった人だと、僕は思っている。「教科書屋の依頼を受け、この礼金がほしさのあまり、之が編纂に従事する学者は、意久地なきこと乞食の如し」(昭和六年)。とは、なんという立派な批判であろう。僕は近来こんな痛快な言葉に接したことがないのだ。

また太平洋戦争へと進みつつあった昭和十四年十二月、東京の街の食堂では、半搗米の飯を出すようになったとき、「あたりの様子を見るに、皆黙々としてこれを食い、毫も不平不満の色をなさず、国民の柔順にして無気力なること寧ろ驚くべし。畢竟二月二十六日軍人暴行の効果なるべし」。こういうところに抵抗のモラルが強く現われている。荷風を不道徳とか反道徳とかいうのは、囚えられた俗見だ。荷風こそはかえってモラルを越えたモラリストなのだ。

N君。僕はいま抵抗のモラルといったが、近頃のような日本の状態にあっては、老若男女を問わず、(正しい意味での)抵抗の精神を失っては駄目だと思う。そして最近僕は、自分のような老人について、こんなことを考えている。——人間というものは、ながいあいだ学問や経験をつんだ老人になってからこそ、本当に戦わねばならないのは何であるか、それがはっきりわかってくるはずだ。じっさい、そういう意味で、ロマン・ローランやランジュヴァンなどの晩年は、さすがに立派なものだ。と僕はつねに敬意を払っているのだ。

ところが日本では、まるで反対の場合が多いではないのか。若い時分に勇ましく戦った人たちが、老人になると、批判的精神を失ってしまい、変に妥協的になったり、妙に権力と結びついて、〝えらい人〟になってしまうのが多いように、僕には思われる。それではオールド・リベラリストなどと笑われるのが当然だ。国民はもっと監視して、遠慮なく批判するほうが、本人のためにもなると思う。

年少のときに尊敬した人たちが、だんだんと駄目になり、心ある民衆の期待を裏切るのを見るほど、残念なことはない。僕はしばしば説を変える人や時勢の波に乗る人たちを、ちっとも信用しないことにしている。永井荷風は昭和十年の日記の中で、明治初年におけるわが国の元老の態度を批評して、こういう激しい皮肉を浴びせている。「これにつけても人は、変節豹変のいかに必要なるかを知らざるべからず。」

N君。私もある種の人々に、この言葉をそのまま投げつけてやりたいと思う。

（一九五二・六・二〇）〔『村と共済』一九五二年八月号所載〕

熱の譫言(たわごと)

まだ熱がある。朝食を食うのも厭だ。

今日も学校を休んで、寝ながら何か古い小説でも読もう。休めば生徒は喜ぶに違いない。

女中を呼んで寝ながら茶を一杯貰う。ぬるくて実にまずい。気がむしゃくしゃする。

ふと二三日前に訪ねて来られた叢文閣のSさんを思い出す。私はあの骨折れた、スタンダールの『赤と黒』の訳者として、Sさんの名を偶然にも記憶していた。そのSさんが何人(だれ)の紹介もなく、突然私の書斎に顕われた時には全く面喰らった。そしてその用件を聴いては、再び驚かされたのであった。用事が済んでから色々の無駄話をした、何かの拍子にマルグリットの『ラ・ガルソンヌ』の話が出ると、Sさんは「ガルソンヌはあの儘(まま)では迚(とて)も翻訳が出版出来ないでしょう」と言われた。今その話をふと思い浮かべたのだ。

そうだ、あのフランスの国宝と呼ばれるモリエールの喜劇でさえ、日本では発売を禁止されたのだった。忠君愛国な日本国民は、腹一杯に笑うことさえ禁止されているのかも知れない。全く不思議な国だ。

気がむしゃくしゃする儘に、論理はぐんぐん飛んで行く。

外観上新しいもの珍らしいものは何んでも採り入れる。その癖根柢に触れることをば、なるべく考えずに置く。否、根柢に触れることをば禁止しようとする。生活の上でも、都市の上でも、思想の上でも、藝術の上でも、教育の上でも、総べてこれだ。……この不思議な国が日本なのだ。だから東京が震災の為めに大半焼き尽くされたことも、その間に数多くの殺傷事件が起きたことも、よく考えて見れば、寧ろ当然の出来事と思われる。如何にも日本の日本らしい所を発揮した現象だったと思われる。――全く怖しい国だ。

いつ家が潰れるかも知れない、いつ正義の士に殺されるかも知れないと考えて、ちと恐くなって来た。そこで早速寝巻のまま飛び出して、縁側の障子を明けると、よく晴れ渡った小春日和、遥かに向こうの丘や森々は、明るい光の中にくっきりと浮かんで見える。やや黄ばんだポプラの色は、さすがに秋のふけて来たことを示している。ツルゲーネフの好んで書いた中央ロシヤの秋はいざ知らず、地震帯上の日本の秋は全く美しい。……

回想は私を夢の様な書生時代へと導く。今ドイツに居るM君や既に故人となったH君などと、中学前の古い稲荷神社の草原に寝ころびながら、『わが袖の記』や、『余は如何にして基督信徒となりしか』等を朗読し合ったのも、思えば金峯山麓の紅葉紅なる頃だった。

I君やT君やS子などと連れ立って、第一回の文展を見、それから遠く向島(むこうじま)の百花園あたりまで遠足を試みたのは、確か天長節の祝日だったと覚えている。――あの頃は皆若かった。

仙台に居た時分、H先生が坊っちゃんと今は山形に居るY君とを連れて私の所に寄られたので、私も子供を連れてお供をしたことがあった。あれは明治四十四年の秋だったと思う。小春日和だったので、広瀬川の砂原で遠く向山(むかいやま)の紅葉を眺めながら、長い間日向ぼっこをして遊んだ。その時、

「数学などをやってるよりも、この方がよっぽど人間らしいね」

と笑われたH先生の声を、私は今でも忘れることが出来ない。それから皆ぶらりぶらりと郊外を歩いた揚句(あげく)、夕刻大観楼の表二階で鰻の御馳走になった時、子供が虫歯を痛めて泣き出した。

――あれからもう十二三年になる。

回想は更に私を遠い遠い国へと導いて行く。ストラスブールへの旅を終えて間もなく、或る快く晴れ渡った朝、病い上がりのG子と二人、マロニエの落葉を履(ふ)みながら、リュクサンブールの公園から天文台の方へと散歩したことがあった。緯度の高いパリのこととて、よく晴れ渡った朝とは言いながら、太陽は薄い霧の中から柔い光を広場の噴水の上へ投げていた。G子は初めは中々の元気で、その前夜よみ了(お)えたキップリングの『日本印象記』の話をしてくれたが、ヴェルレーヌの石像のあたりまで来ると、急に悪寒を催して、

「あたしもう迚(とて)も一人では歩けないわ」

と言い出したので、やっと抱き上げる様にして、半キロばかりの道を彼女の所へと連れて帰った。

……

長い長い旅を終えてからもう満二年に近い。あの銀鼠色の美わしいパリの町々、あの壮大な海水浴場パリプラージュの森々、今でも時々夢の裡にはいって来る。……

私は遂に本棚からアナトール・フランスの『我が友の書』一巻を捜しだして、名高いユーマニテの文章を読み始めた。

昼飯を済まして、また床の中にはいる。

女中が郵便物を枕元に置いて行く。地震の為めに横須賀から江田島まで動かされた学校の、K君の手紙には、もし転任の口あらばと、書かれている。

私は考えるともなく、教師の身の上に就いて考えてみた。……

トルストイは青年の時代に、教育研究を思い立って、西欧に赴いたことがある。いろいろ研究の結果として、彼は遂に学校教育の無意味を覚り、本当の教育は新聞や博物館や図書館や、その他一般に学校以外の生活に於いて――即ち彼れの所謂「自然の学校」に於いて、完成されることを知った。義務的な学校や教育制度は有害無益である。大学は「人間」が要求する人たちを作り出すことが出来ないで、ただ腐敗した社会が要求する官吏や、官僚的な教授や文学者や、何の考えもなく因襲的な環境に引きずられて行く人々などを作るのみであると、こう彼は嘆息している。

……

爾来春秋五十年、機械文明は日を逐うて進んでも、人間精神の教育許りはどうにもならぬものと見え、トルストイの論難は今尚お依然として、その生命を失わない。学校のお蔭でその日その日の糧をつなぐ私は、「人間」を「教える」資格がないと、自らよく自分を知りぬいている以上、義理としても「教える」態度には出たくない。人々各自の持っている尊い魂をば、十分延ばして行きたいとは、始終考えているものの、やっぱり駄目だ。つい「教える」風になってしまう。いつともなしに、つい学校型に嵌める様になってしまう。これはやはり例の試験制度の罪かも知れないけれど、或いはまだ私共がただ味噌臭い生ま物識りの専門家であって、本当に人生に対する深い洞察と温い同情とを欠くが為めでは無かろうかとも思われる。——よく考えて見ると、これは実に恐ろしい事だ。

それにしても学校系統とか教育制度とかは、実に変なものだ。衷心から真理を究めたい人々の為めにならば、大学などは絶対に開放すべき性質のものである。また心の底から悦んで勉強を続けたくもない人々が、いくら生活の為め虚栄の為めなればとて、あの籤引きの様な入学試験に、子供の時から身心を苦しめるのも妙な話だ。これはきっと子供の時から艱難辛苦を体験させて、いざという場合に役立てる忠君愛国、震災防禦主義の変形かも知れない。あの偉大なトルストイも、さすがに受験学ばかりは心得えずに、悲壮な一生を終ったことであろう。

況して文部省のお役人が、深い考えも無しに取りきめてしまった制度の為めには、学校存在の意義も青年の心境も考えずに、ただ無味乾燥な教科書を、内々いやいやながら講義して、その日その日を暮らし行く蓄音機先生、蓄音機学校——これが日本の学校なのだ。そして私はその蓄音機先生の末席を汚がす一人であるのだ。……

だから私は正直に言おう。もし私の学生の中から優れた人々が輩出することがあるならば、それは私共の力が弱くて、その人々の光る個性を打ち殺すことが出来なかった為めであって、却って私共の恥とこそなれ、決して名誉にはならないのだ。

尤も私も人真似をして、教育の功徳を説こうと思えば、説けなくはない。教育の改造を叫ぼうと思えば叫べなくはない。バルビュスの尻馬に乗ってなら、クラルテ団の運動員たらんこと、入学試験にパスするよりも容易しい。併しそれが果して蓄音機先生たる私自身の本音であろうか。

……

何んだか自分の身の上が恥かしくなって来た。空は急に曇って、生温るい風が吹き出した。いやに蒸し暑い。大阪地方に大地震でも起きる前兆ではないか知ら。

また少し熱が出た様だ。大分体がだるい。どれもう一眠りしようか。

(一九二三・一〇・三一)(『待兼学報』第四号(大阪医科大学学風会予科部会)大正十三年一月所載)

〔追記〕この随筆は、秋葉夢之助という筆名で、そのころ教えていた学生諸君の雑誌によせたものであるが、この雑誌が出たときは、もう『数学教育の根本問題』(一九二四年三月刊)の印刷が、よほど進んだころであった。また本文中のSさんは佐々木孝丸さん、S子は当時私の許嫁であったすみ子、H君は早田篤君、H先生は林鶴一先生、G子はMademoiselle Germaine Leblancを指している。誤解のないように、むしろ記念のために、ここに書きつけておく。

魚の中毒

一昨年の真夏のことでした。私は或る用事のために、妻と二人で、大阪から郷里の酒田市に帰省しました。用事を済ませてから、近くの湯の田温泉に暫く滞在することに致しました。波打際の旅館の一室で、朝夕美しい日本海を眺めながら、数日の間暮しましたが、しかし食膳に上る魚は、不思議にも、決して新鮮だとは思われませんでした。果して私はプトマイン中毒にかかりましたので、早速酒田に引上げましたが、その途中で、運転手の口から、「湯の田附近で獲れた鮮魚は皆、二十粁もある酒田の市場に持出され、そこで一旦評価された上で、再び温泉に逆輸入するのだ」、ということを教わったのです。

ことし七月半ばのことでした。つい最近私が大阪から東京に移住して来たというので、数名の旧友達が私を誘いに参りました。そこで大森海岸の料亭で飲むことになりました。穏かな夕ぐれの海を直ぐ前にした涼しい座席で、一盃やりながらの肴でしたが、どうも余り旨しいとは、義理にも申されませんでした。果してその魚のために、私はプトマイン中毒にかかったのでした。

元来、私はあまり健康な体でありませんから、食物には相当に注意を払っている積りです。それで自宅に於ては勿論のこと、信越あたりの山の中――海岸から遠く離れた地方にも、年々参りましたが、そういった処では、未だ嘗て魚の中毒にかかったことが無いのです。そして却って海岸で、ふるい魚のために、二度も中毒したとは、何という皮肉でしょう。

この事実は、私達に色々のことを暗示してくれると思います。

第一に、「海岸の魚は新しい」とは、如何にも本当らしく思われることで、実際よく人のいうところでありますが、それは必ずしも真理ではないのです。如何にも海岸でとれたばかりの魚は、新しいに違いありませんが、海岸で私達の口にはいる魚は、決してとり立ての魚とは限りませんし、また遠方から運んで来た魚であるかも知れません。現に中毒を起させるような、古い魚もあり得ることを、私は身を以て実証した訳でした。

第二に、自分で釣って自分で喰べるといったような、いわば原始的な自給自足の場合は兎に角、現代に於ける日常普通の生活にありましては、私達の口にはいる魚は、決して単なる一生物体としての魚ではなく、社会的・経済的機構を通して来た魚だ、というべきです。私達が喰べる魚は、もとより生物体には相違ありませんが、しかしそれは社会と結び付けられた生物体なのです……。

こんな事を考えつづけますと、肴一匹喰べるのでも、容易でない、六ケしい話になりそうです。

そうですとも。実際、私達は、肴一匹喰べるにも、考えずには喰べられないような、六ヶしい矛盾に満ちた時代に生れているのではありませんか。

〔『婦人之友』昭和十二年十月号所載〕

新緑の思い出　昭和二十七年六月九日放送

ただいまは若葉のころ、新緑の季節です。新緑といいますと、私たちには、何か若々しい、青春の時代が連想されるのです。そこで私は、新緑の季節についての思い出を、少しばかり申上げることにいたしましょう。

私の郷里は山形県の酒田市です。酒田には樹木といいますと、松ばかりが多い所です。そのためでありましょうか、私などは少年の折りに、新緑といった感じを受けたことが、あまりなかったような気がするのです。中学時代は鶴岡市でした。鶴岡は近い所に、金峰山や湯田川温泉などがありまして、そこでは、かなり若葉の気分に接することが出来ました。けれども私が新緑という感じを、ほんとうに強く受けるようになりましたのは、仙台にいってから後のことです。

それは明治時代の末期で、今から四十年も前のことです。仙台は森の都と呼ばれたところですが、私が住んでいました広瀬川のほとりから、真っすぐ向こうに見える向山(むかいやま)の新緑などは、まったく目にしみたものです。当時の私は二十六歳で、生活の上でも、学問の上でも、ほんとうに人生の曙（あけぼの）ともいうべき時機でした。勤め先の大学も、今やっと出来あがったばかり、誰れも彼れも、皆若々しい元気にあふれて、力一ぱいに働きました。私は島崎藤村の『感想集』の中に、「青年は老人の書を閉じて、まず青年の書を読むべきである。」——こういう言葉を見付けました。それは若葉の香をかぐような、若々しい言葉でした。年わかい私は、しばらくの間、これを自分のモットーにしたものです。

第一次世界大戦の最中、大正六年の春に、私は仙台から大阪府下の池田に移りました。池田も若葉にめぐまれた町でありましたし、すぐ近くにある箕面（みのお）は、ご承知のとおり、紅葉の名所で、新緑にもすぐれた所です。それに私の勤め先が、池田に近い待兼山（まちかねやま）という、雑木林の小高い岡に建てられました。そこで私はかなり長い間、年々新緑に包まれながら、若々しく新鮮な気持で、仕事に没頭することが出来たのでした。

大正年代の末から、私は病のために二、三年の間静養をつづけました。ようやく全快しました後に、昭和四年の新緑のころから、新しくやりはじめたのが、数学の歴史の研究でした。ところがこの研究は、私の人世観の上に、大きな影響を及ぼしたばかりではありません。それは四十四歳の私を、精神的に非常に若返らせてくれたのでした。そしてそのとき、若葉から青葉にかけての間にやりだした仕事が、その後の私の半生を支配するようになったのだ、——こう申しましても、大した誤りではあるまいと思います。

昭和七年の初夏には、前の年からやりはじめて、長くかかっていました書物の校正刷を、いっぱいかかえまして、宝塚に近い武田尾という温泉に滞在しました。三方から新緑に囲まれ、一方だけ流れに臨んだ、小さな寂しい温泉場で、朝から晩まで、新聞も読まずに若葉の下で、校正に没頭しました。ようやく最後の校正刷を送ってから、帰宅してみますと、その間に、犬養首相が殺害された、五・一五事件が、起きあがっていたのでした。

昭和十二年になって、私は大阪を去ろうとしました。もう既に研究所を退いていましたので、五月中旬、家を探しに東京へでかけました途中、新緑の香にむせる修善寺温泉に立ちよりました。修善寺では、若葉に囲まれた歴史の跡をしのびながら、二十年にわたる大阪の生活を回顧したり、将来の方針について考えたりしながら、数日を送りました。そして六月の末に、いよいよ大阪を去るときには、荷物を全部送り出しましてから、大阪生活の最後の名残りとして、有馬温泉の青葉の中で、雨の二日を暮らしました。それは日華事変がおきる直ぐ前のことで、思い出の深いものがあるのであります。

いよいよ太平洋戦争がはじまりました。東京が最初の空襲をうけましてから間もなく、私は熱のある病のために、慶應病院にはいりました。一ヶ月ばかりの後に、退院して自宅に帰りましたときには、庭先きの若葉の色が目にしみこんで、病後の体に、新緑の感じを深くさせたものです。

このように東京に住みましてからは、初夏になりますと、杉並の家は、年々歳々同じように、新緑に包まれるのですが、歳々年々人同じからずで、その間に日本が非常に変ったばかりでなく、私はただ老衰の一筋をたどるばかりです。殊(こと)に終戦以来の私は、花から若葉をへて青葉にうつるこの好ましい季節に、年々いつも病床におりますので、この数年の間、新緑を満足に見ることが出来ませんでした。

　ところが幸いにして、今年だけは、花のころから起きあがって、若葉の美しさを十分に味わうことが出来ました。新緑の下では、若々しい青春の息吹きを吹きこまれ、今は若葉に対する感謝の念が一杯になっているのです。これからは、数年来病気のために、中絶していた仕事に、とりかかりたいと思います。島崎藤村のいわゆる老人の書でありながらも、青年諸君に読んで頂きたいものを、書きあげる覚悟です。

読書について

若い世代のため、なにを、いかに読むべきかについて、卑見を求められた。けれども私は、普通のいわゆる読書人ではないし、また文化的教養の価値をば十分に認めながらも、いわゆる「教養のための教養」であってはならない、と考えている人間である。このことを予めおことわりしておきたい。また読書の方法などは、個人性の相当強く現われる面であろうと思われるが、私は今ここに自分の経験にもとづいた、主観的な結論だけを、はっきり申上げるよりほかに、致し方がないのである。

青年の読書についてまず問題となるのは、古典に対する態度であろう。読書家とよばれる人々の間では、古典こそ読書の中心となるべきものであると、しばしば強調されている。――古典は歴史の試練を経て生き残り、時代と共に成長した、価値の既に定まった本である。古典を読むことによってこそ、われわれは書物の良否に関する識眼を養うことができるのだ、等々。

これは私も自分の経験に照してみて、ある程度までは確かに同感するところである。しかしながら、実際の事実について考えてみると、古典は一般に難解なものであり、親しみにくいものが多いのを如何（いかん）ともすることができないのである。（ことに日本や東洋の古典には、多くの場合、かえって、西洋の古典よりも親しみにくいものがあると、私には思われる。）

そこで問題は、楽に読める古典についてではなく、主として難解あるいは親しみにくい古典の場合に起こるのである。青年諸君の中には、いろいろの理由によって（たとえば、科学技術の実習、芸術の熟練、生活のためのアルバイトなど）、時間の余裕を多く持たない人々がある。難解で親しみにくい古典は、かような人々にとっても、必読されなければならないほど、それほど重要なものであろうか。

私の見るところでは、まず思想方面の古典などの中には、今日のような、新しい変革の時代に際して、――歴史的文献としての価値以外には――生き残らせる必要のないものが、あるいは意外に多いのではあるまいかと思う。かような意味での価値批判は、今日もっと本格的に行なわれなければならないだろう。

次に文学の古典などは、正確に読もうとすると、相当面倒なことになる。また教養のための読み方であるから、窮屈に考えないで、ぼんやり意味のわかる程度でよいとしても、中には相当うるさいものもあると思う。現に私などは、今から四十八年前、中学四年の国語の時間に、『土佐日記』の講読を課せられた。当時すでに自然科学に没頭していた私にとっては、『土佐日記』の学習が、全然無意味な仕事と考えられたので、私はその時間には必ず欠席をするを常とした。――このことを私は今でも忘れ得ないのである。私は私の一生を通じて、『万葉集』を読まず『源氏物語』を手にしなかったことを、少しも恥としないだろう。

かような文学物の古典に比べると、科学的古典は、予備知識さえあれば、一般的には読み易いはずである。しかし科学的古典は――社会科学は別とし、自然科学については――必要に迫られない限り、専門家といえどもあまり多くは読んでいないのが、実情ではあるまいか。

現に私のような不勉強な男になると、ニュートンの著作中の最も名高い『プリンキピア』さえも（説明ぶりが古風で、あまり面倒なので）、ところどころ数頁ばかりずつ、必要にせまられては忠実に読んだ程度で、未だかつて一度も真面目に通読したことはないのである。『光学』の如きは、岩波文庫に収められて寄贈もされたのに、まだ読んだことがなかった。ニュートンの著述の中で、私が半分ほど読み通したのは、初歩的な代数書『ユニヴァーサル・アリスメチック』（ケンブリッジ大学の講義に基づいたラテン語の著述の英訳）ただ一冊あるのみである[1]。これも程度が低いものなのにかかわらず、すらすらと読み得る本でないことは、詳しい注釈本が幾種類も出版されていることからでも、解るだろう。

それで一般的に、自然科学の古典を、容易に読みうると考えるようなのは、本当にふるい古典そのものに接したことのない人の言に過ぎないと思う[2]。その上に自然科学は、その性質上、一般的教養の程度ならば、何も直接に古典に就かないでも、相当よく理解し得られるのである。それで――特に例外的に平易な古典を除けば――一般教養の目的から、数学・自然科学の古典を読むことについては、いろいろ議論の余地があることになる。（しかし結局、あまり多く読む必要のないことだけは、断言できるだろう。）

最後に、西洋の古典はともかく、日本や東洋の古典の中で、難解で親しみにくいものは、多くの時を持たない青年に、必読を強いる必要がないのではあるまいか。事実、日本の人達はだんだん年を取るに従って、自ずから日本や東洋の古典を愛好する傾向が強くなるのであるから、その時になって古典に親しめばよいのだとも考えられる。

年若い諸君の中には、既に志を立てて一つの狭い専門を選び、それに深入りしている特殊な人もあるだろう。それはもとより一つの冒険には相違ないが、既に一たん決心した以上、そういう人々は他の方面に気を移さず、どこまでもその専門に向かってエネルギーを集中するがよい。ただ危険なのは、かような人々の頭が、悪くするとあまりに早く固定することである。頭の硬化を防ぐ方法としてはいろいろあるだろうが、その一つとしては、人間的な興味に応じて、時間の余裕を見出だしては、文学芸術を楽しみとする。あるいは自分の専門を通じて、その関係から社会問題に関心を寄せる——それくらいのことは、やった方がよかろうと思う。

しかしもっと広い範囲の青年諸君は、一応専門を決定したといっても、本当の専門に入る前に、できるだけ視野を広くするために、専門以外のことでも大切なことは、一通り心得ておくのが当然であろう。これまで社会科学に志す諸君は、自然科学に対してあまりにも無知であったし、また自然科学に志す諸君は、社会科学に対してあまりにも無関心であった。これについては議論の余地がないことと思う。

そこで視野を拡げるためには、短時日の間に、大急ぎであれもこれもと、行き当たりばったり読書するのではなく、最初ある一つの方面を選んでは、それを学びつつある間に、その関係上あるいはその必要上、他の方面へと一歩一歩拡張して進むようにすべきである。

しかも諸君は、単に名に捕えられて、有名な古典とか難解な名著などについて、徒らに苦心するよりも、むしろ自分の学力や必要の程度をよく考えてできるだけ平易な本を十分に読みこなし、徹底的に消化して、自由自在に応用できるようにすることが、望ましいのである。

現に福沢諭吉のような人は、社会大衆の指導啓蒙に忙しかったので、いわゆる世界的名著とか大作と呼ばれるものを、多く読んでいなかったといわれる。実に福沢諭吉先生は、多くは学校用の平凡な教科書のような、いわば米の飯といった書物を読みこなして、あれだけの識見を得たのであり、ここに不当に難解な本を有難がる現代の青年が、学ばねばならない重要な問題があると思う。

さればといって私は、決して難解な本を読むな、というのではない。それどころか、青年諸君は個々の事実について、よく知りもしない内に、『何々概論』といった、手っ取り早いものを読んで、結論を急ぐ癖があるが、あれこそ私の最も好まないところである。実際、簡単極まる哲学史や、新しい物理学の解説書などによって、哲学や物理学を知ったつもりになるほど、危険であり馬鹿げたことはない。一冊の『概論』が解らないと、第二の『概論』を買い、第三の概論に移る。いくら類書ばかりを漁(あさ)っても、真の理解に達することは不可能であり、読書の方法としてまことに拙劣なばかりでなく、それは学問をする行き方ではないのである。

何といっても、個々の事実から、一般的結論に到達するのが常道である。現にかのニュートンでさえも、さきほど引用した代数講義の中で、まず沢山の例題を解いて見せてから、「これまで私は沢山の問題を解いてきた。なぜなら、科学を学ぶには、教訓よりも例題の方がもっと有用だから」、と述べているではないか。――"For in learning the Sciences, examples are of more use than Precepts."

自然科学にせよ社会科学にせよ、科学を学びとるには、はじめからあまり高度の理論をつめこんだり、一方的な理論に偏したりするのは、禁物だと思う。まずはじめにいろいろの事実を覚えて、次第にそれを科学的に整理して行く。かように合理的な処理、批判的な態度を取って進んでいく間に、科学の方法がおのずから解ってくる。そういう場合に科学論などを参考にするのはよいが、それには深い注意をもって、十分に批判的に読まなければならない。批判的精神の用意もなしに、いたずらに科学論などを読みふけることは、避くべきである。

それにつけても、従来とくに欠けていたと考えられるのは、正しい意味での歴史であろう。政治・経済から思想・文化・科学にいたる歴史を、相当具体的に知るのは、ごく大切なことだと思う。ただそれには、あまり専門的でない良書が、邦文ではもちろん、外国にも案外に少ないのが遺憾である。たとえば自然科学史などは、自然科学以外の専門に従事しようとする諸君に対しても、きわめて重要なものに相違ないのであるが、しかしある程度まで科学そのものを知らないで、科学史を理解しようというのは無理であり、そこに問題があるのである。

実際、科学史を通じて科学を学ぶなどと、口先きばかりでは何とでもいえるが、事実、それははなはだ困難なことである。何といっても、特殊科学の学習と科学史（特殊科学史及び一般科学史）の学習は、平行的なのが望ましい。

この小文のなかで私は、批判的精神を強調してきたが、かような精神を開発するための一資料として、文部省発行の『民主主義』などは、青年諸君のごく真面目な、しかも最も手ごろな批判の対象となるだろう。

（1）私は自分よりも、もっと不勉強な人たちに、安心を与えるために、こんなことをいうのではない。

（2）科学古典の意義とその理解の難しさについては、ジョージ・サートン『科学の生命』（森島恒雄氏訳、一九五二）に、立派な見解が載せられている。

（一九四九・七・一〇）〔『日本読書新聞』一九四九年八月三十一日所載〕

辞書と百科辞典

何か読書についての話をというのですか。

それでは、辞書とか百科辞典といった種類の書物に対して、私がどんな態度をとっているか、それについてちょっと申し上げることにいたしましょう。

私は子供の時分から、辞書というものを、なるべく引かない方針でやって来ました。国語の辞書をはじめて手にするようになったのは、四十歳を越えてからで、綜合雑誌に物を書くのに、仮名遣いを正しくする必要上使いだしたのです。

漢字の辞書は、英和・独和・仏和などの辞書と同様に、これもまれに引くばかりです。それというのも、私は漢文も欧文も、訳しながら跳ねて読むことをしないで、棒読みのまま、意味がわかるまで繰返し、どうやら意味がとれさえすれば先に進むので、ただ大切なところでどうしても意味のはっきり取れない場合に限り、辞書を引くだけなのですから。そんなわけで、私は辞書にたいして何の興味も持っていないし、古くから手慣れたものを、ただ一種ずつ手元におくだけです。いま手元にある英和辞典には明治三十七年（一九〇四）発行とありますが、この古ぼけた辞典を半世紀近くも使って来たわけです。

それでは百科辞典――それから哲学辞典などといったもの――はどうかといいますと、食わずぎらいというのでしょうか、ほとんど使ったことがないのです。だれも本当にしないかも知れませんが、私は石原純さんたちの有名な『理化学辞典』が、どんな本やら、一度も手に取ってみたことがないのですから、その他推して知るべしでしょう。なぜ百科辞典を使わないのかといえば、どんなにそれが良心的にできていても、つまりそれは短い項目の編輯物だからです。問題の本質をはっきりとつかまえた上に、短い言葉で解りよく説明することなどは、どんな優れた人でも容易にできるものではありません。またそこには一貫した統一を見出だし難いばかりでなく、いわゆる編輯物にありがちな、どんな誤りがないとも限らないので、買う気にならないのです。

ところが近年来、小学校や中学校では、社会科などで、よくいろんなことを生徒に「しらべ」させるのですが、それは多くの場合、ただ百科辞典のひき写しのようなことをさせる結果になるのです。近ごろは孫たちの質問に応ずるために、私もやむを得ず、かれらといっしょに、小さな百科辞典を引く機会がしばしばあるのですが、その体験によりますと、それは全く系統のない断片的知識の寄せ集めをやっているので、単なる物知りになるかも知れませんが、ほんとうに自主的に物を考える精神を養うのには、かえって大きな邪魔をすると思います。この点につきましては、今の学校教育に対して、どんなに強い抗議をしてもいいと考えます。話が横道にそれてしまって済みませんでした。

〔一九五〇・八・一五〕〔『神港新聞』昭和二十五年八月二十五日所載〕

何を読むべきか

読書を好む人々にとっては、じつに嫌な時代になってきた。学問上のまじめな研究書などが、容易に発行も出来なくなった一方では、安っぽい小説の類はたくさん刊行されるし、専門学術雑誌の維持が非常に困難なのに、製薬会社やビール会社からの宣伝雑誌は、毎月ちゃんと送り届けられる。この調子で進むと、探求・批判の精神が弱められて、日本人は思想の独立を失い、去勢された軟体動物になってしまう恐れがある。

こういった時代に、心ある青年諸君は、どういう書物を読むべきか？　従来いわゆる読書人の間では、古典、とくに〝文学的古典〟こそ読書の中心となるべきものだと、しばしば強調されている。けれども書物と読者の関係は、きわめてデリケートなもので、一つの書物が読者によっては全然ちがった力で働きかけるのである。だから、古典の評価に対しても異論があり、大化学者オストヴァルトの如きは、『偉人論』の中で、文学的古典は教養上有害無効だ、と断定しているのである。

オストヴァルトはまずダーウィンの思い出の中から、「私の精神の発達にとってバトラー博士の（中等）学校ほど悪いものはなかったのです。そこでは全く古典的で、古い地理と歴史を少しやった外には、何も学びませんでした。……紋切形の、馬鹿げた、ふるびた古典教育を、私よりも真面目に軽蔑できる人はないでしょう」という言葉を採り上げる。「あの穏和なダーウィンをして、こんなに鋭い表現をさせたのも、古典教育の精神が、彼れの生涯を支配した〝進化〟の思想の、絶対的反対者であったからだ。」

それからオストヴァルトは古典思想の分析に移り、進んで、中等学校時代に古典で悩まされた大科学者たちの実例をあげてから、ついに次の結論[1]に達したのである。――「文学的教養や古典教育によって破壊されるものは何であるか？　まず第一に、思想の独立自治。第二に、事実を観察してそれから正しい結論を導きだす能力。」

オストヴァルトの『偉人論』は、〝（自然科学的）天才の生物学〟という、むずかしい問題を真正面から扱った、有名な、しかしこういった調子の、素朴な批判や大胆な議論にみちた書物なのである。私は三十年前にこの本を二度よんだ。昨年の暮、三度目に読みかえしたときには、途中で何回となく著者の見解と衝突し、ついにオストヴァルトと対決するつもりで、反対の実例を集めたり、有力な反対意見を探し求めたりしながら、二週間もかかって読みおえた。そのうちでフランスの化学者ジェラールの生涯については、じつに深い感銘をうけたし、これは多くの独断と迷論を含みながらも、何といっても中々に興味ある本なのである。

オストヴァルトの古典文学論は、私をしてトルストイの『藝術論』を聯想させる。これもまた独断と偏見にみちた書物であり、トルストイは気が狂ったのでないかとさえ思われる。しかし烈しい抵抗と反発を感じながら、読み返している間に、何ともいえないほどの深い感銘を受けるようになる。思えばあの本をはじめて読んでから、もう二十五年になる。そして、あの終りにある科学論こそは、多大の誤謬を含むにもかかわらず、私の生涯に大きな影響を与えてくれた、良心の書であったのだ。

よく考えてみると、初めから終りまで誤りのない本などというものは、——算数の数科書などを別とすれば——そんなに多くあるものではあるまい。大体、そういった書物は、白紙同様な性質のもので、あまり役に立たないものだろう。そうではなく、ほんとうに価値の高い書物で、しかも完全といってよいようなものがあったとしても、そんな書物に対すると、読者はただ頭が下がるばかりであるか、或いはただ教えられるばかりで、何よりも大切な批判的精神などは、容易に燃えあがるはずがないのである。それではあまりいい読書ともいえないかと思われる。

青年諸君にとって特に大切なのは、オストヴァルトの『偉人論』、トルストイの『藝術論』、あるいはルソーの『エミール』……などのように、独断や誤謬にみちていても、窮極において正しく立派な書物ではあるまいか。健康で自由な精神の持主ならば、かような本に接すると、必ず反発するところがあるだろう。そこで彼れは著者と対決するために、考察し、調査し、探求し、批判することによって、かれ自身が高められるのである。こういった段階を践んだのちに、こんどは、誤謬や欠点のあまり目立たないような、価値ある書物に対して、批判的精神の下に進むがよい。こんなやり方が、場合によっては、骨抜きになるのを防ぐ、一種の読書法ではあるまいか、と私には考えられる。

終りに、ちかごろ読んだ雑誌の中から、骨のある感想の題名を、実例として少しばかり挙げてみよう。

渡辺一夫氏「二つの死の影の下で」(『文藝』一九五〇年十二月号)
中野好夫氏「国民のいない政治」(『中央公論』一九五一年三月号)
杉捷夫氏「平和運動の必要」(『展望』一九五一年三月号)

この執筆者たちは三人とも、いずれもヨーロッパ文学の専門家であり、英・仏・羅典(ラテン)の古典的教養の下に育った方々である。そして緊迫した今日の情勢の下で、かように正しい感想を公にされているところを見ると、これら三人の方々には、文学的古典教育に対するオストヴァルトの結論が、幸いにして適中しなかった、というべきであろうか?

(1) ここで一言をそえておく。私はオストヴァルトの主張の中に、多分の真理を認めるけれど、必ずしもこの結論を正しいものとは思っていない。

(一九五一・二・二六)〔『読書人』昭和二十六年四月号所載〕

読書の思い出

特に青年・壮年時代を中心として

「読書の思い出」という題を与えられましたが、私は相当かたよった学問を専門としていますばかりでなく、若い時分から、何もことさらに、いわゆる一般的教養を心がけて読書したわけでもなかったのです。どちらかといいますと、私は自分の興味と傾向の推移につれまして、専門的読書の範囲を、その都度かえたりひろげたりして進んで行く。そういう具合に、これまでやって来たのです。それで私の場合には、ただ読書そのものについてばかりでなしに、その折々の環境や、生活条件などと結びつけながら——それも青年及び壮年時代を中心として——話を進めるのが、至当かと思います。

一

明治時代の中期（一八八五年）に、東北地方の港町の回漕問屋に生れた私は、幼少の時父を失い、母は分家となりましたので、ただひとりの男の子として祖父母の許(もと)で成長しました。そのころの封建的な伝統的な家風に従いますと、私は小学校を卒業すれば、当然家業の見習いに従事すべきところでしたが、祖父の許可を得ないで中学に入りました。ところが、小学校時代から化学に興味を持っていて、自分で化学の実験をやったりしていましたので、中学に入ってから後も、とくに化学や物理を、教課以外に勉強していたのでした。しかし中学を卒業すれば、何といっても、すぐに家業に従事しなければならない運命の下にありましたので、私はひそかに中学時代には、専(もっぱ)ら自分の好きな学問を勉強しようと、決心するようになりました。

そこで、自分で学校の課程とは別に独立の時間割をつくりまして、化学、物理学及びその準備としての数学と英語とを、勉強することに致しました。その頃、池田菊苗(きくなえ)先生や、大幸(おおさか)勇吉博士の化学書などは、何よりの愛読書でしたが、それだけでは物足りませんし、邦文ではよい本もなかったので、オストヴァルトの理論化学の英訳『アウトラインス・オヴ・ゼネラル・ケミストリ』が、安い飜刻版で得られますと、むずかしいところは飛ばしながら読み出しました。ところが、物理学には手ごろな本がなく、酒井佐保さんの三冊本の物理がありましたが、あまり面白くなかったので、その頃出ましたリーエッケの『実験物理学』の木村駿吉さんの訳は、中学生の私には随分難解な本でしたが、熱心に読みふけったものです。残念なことに、その頃の中学程度の数学はごく古い型で、函数概念もなければ、グラフのことも書かれてない時代なので、その数学は物理学や化学の勉強に対して、直接にはあまり役立ちませんでした。

その頃は、新聞もろくに読んだことがありませんし、雑誌といえば、科学雑誌の外(ほか)に、英語の雑誌を読んだ位で、その頃流行の『中学世界』とか、文学雑誌などには、殆んど目もくれませんでした。

四年生位になりますと、だんだん私の勉強に直接関係のない学課、すなわち体操、図画、修身、国語などは、だんだん無視されて来ました。体操の時間や、国語の『土佐日記』の時間が来ると、すぐに早引けをして下宿に帰り、自分の時間割による勉強を始めたものでした。

かように時間割を定めたことは、気の向いた本にだけ偏するのをさけるためには、甚だ有効であったと思います。時間割による勉強を、私はそれから約十二、三年間継続したのですが、今から考えてみますと、そこには非常な長所もありましたが、またいろいろの点で、思いがけもない影響を来たしたようであります。例えば、雑談を嫌いにしたこと、直接に学問的でない、いろいろの問題（例えば宗教など）に無関心になったこと、やむを得ない場合の外は、人を訪問しないようになったこと、等々。

私の周囲では、尾崎紅葉の『多情多恨』や、徳冨蘆花の『不如帰』などが盛んに読まれておりました。そのころは、中学校のあった鶴岡から出た、高山樗牛の全盛時代なので、友人の間には、樗牛の文学的影響を受けた人達もおりましたが、私には殆んど何等の影響もありませんでした。その頃読んだものの中で、無理に文学となづけるなら、内村鑑三の『外国語の研究』があり、これは私に英語熱を鼓吹してくれたものです。しかし中学を卒業すれば、何といっても、すぐに家業に従事しなければなりませんでした。それが嫌なので、私はついに、四学年を終えない中に、東京に飛び出していったのであります。

私は東京に出ましてから、理科を、特に化学を勉強したいのでしたが、家庭の事情のために、長い期間の勉学はゆるされないのです。だから、速成で一通りわかりさえすれば、どんな学校でもかまわない。そういうわけで、東京物理学校に入学し、そこで三年間を送りました。この学校では数学、物理学、化学の外は何一つ数えない。外国語もなければ、修身も体操もない、非常にかたよった一種の専門的技能教育であったのでした。私は学校以外に、ドイツ語と英語を学びながら、飜刻のある安い原書、例えばクリスタルの『代数学』や、J・J・タムソンの『電磁気学』のようなものを求めて、学校とは独立に勉強をはじめたのでした。けれども、かような廉価な本ばかりでは、到底間にあいませんので、後には丸善や中西屋あたりから、ネルンストの『理論化学』、オストヴァルトの『無機化学』、リヒテルの『有機化学』、ラヴの『力学』、プランクの『熱力学』、マッハの『力学発達史』等を求めて、それをかじりかけました。

ただ暑中休暇には、その頃よく読まれたアーヴィングの『スケッチ・ブック』、カーライルの『論文集』や、アンデルセンのお伽噺のドイツ訳などにも触れましたが、それらは文学としてではなく、まったく語学としての勉強に過ぎませんでした。

ちょうど日露戦争の最中に物理学校を卒業して、すぐに東京大学の化学選科に学んだのでありますが、当時老年の祖父は、病のため家業をみることも困雑となりましたし、私もまた、著しく健康を害しましたので、やむを得ず一九〇六年の春、大学をやめて、家業に従事するために、郷里に帰ったのです。

二

しかしもうその頃は、家業も甚しく衰頽に陥いった後であったし、殊に冬になると、風浪の荒い日本海のこととて、回漕業者は殆んど用事がなく、時間の余裕が十分にあったので、これまであまり注意しなかった哲学書や、科学者の世界観や科学論風なもの、例えばヘッケルの『宇宙の謎』や、ヘルムホルツの『講演集』などを読み出し、丘浅次郎博士の進化論などにも触れ、また科学雑誌以外に『中央公論』などを愛読するようになりました。殊に日頃懇意にしていた書店に出かけては、今まで殆んど関心を持たなかった小説の類を濫読しはじめました。かようにして漱石の『吾輩は猫である』、『坊ちゃん』、二葉亭の『其面影』などを読み出したのですが、こうした少しのんびりした作品は、当時の私には向かなかったのです。

私にはどうしても、家族制度の問題、家業の引継ぎの問題——家族制度の封建制といったものに対する疑問が、頭の中にこびりついていました。家業のためには、学問の研究もついに捨てなければならないのであろうか。私は学問の研究と家業とが両立し得る、家業をやりながら学問をする、と云った、二元的な考え方で、学問の研究を続けようと考えたのですが、思えば、それも容易なことではないのです。そういった学問の研究に対する不満が、家族制度の封建性とからみついて離れないのです。それで小説の中でも、何らかの意味での人間の解放や、社会や文明に対する批判、つまり何らかの意味での反逆精神を、小説の中に求めたのですが、それを多少なりとも満足させてくれたのほ、当時勃興しつつあった自然主義の文学でした。国木田独歩の『独歩集』や『運命』、島崎藤村の『破戒』や『春』、田山花袋の『蒲団』や『生』。……

しかしかような文学書を濫読したものの、自然科学の研究を忘れる事が出来ません。そのためには、家庭でも――実験などをしないですむ――独学でやれるような学問でなければならず、物理学や化学ではどうしても都合が悪いのです。数学なら、家庭においても独学の出来る性質のものでしょうが、私はこれまで数学を特に好んだわけではありません。今までは化学や物理学を学ぶための準備として数学をやって来たのです。たまたま東京に出た機会に、林鶴一先生にお目にかかって、御指導をいただくことになりましたが、先生は、「家業をやりながら、かたわら数学を研究した方が安全だ」、ということを強く主張されましたので、私もその気になって、それからは家庭において数学を専門的に研究する決心をしたのであります。

それで丸善から、ウェーバーの『代数学』、フォーサイスの『函数論』、サーモンの『立体幾何』等を買い込んで帰宅して、勉強を始め、暇があれば――時間割の外で――例の書店に出掛けては、文学書などを濫読しておりました。しかし当時は邦文で書かれた高等数学書などは殆んど一冊もなく、それに物理学校でおそわった数学は、いわば十八世紀風の数学で、十九世紀以後の近代的数学の基礎になることは、殆んど学ばなかったので、それには非常に苦しんだのでした。

しかしだんだんと一歩一歩進んでいる中に、最も強い影響を受けましたのは、ドイツのフェリックス・クラインとノールウェーのソーフス・リーの二人からです。特にクラインの『高等幾何学入門』を、あの読みにくい謄写版刷の原書で読んだ時には、数学にもこんなに直観的で綜合的な面白い本があるのかと、強い感激を受けました。今でもそれを忘れる事が出来ません。私はそれから二、三年の間に、クラインの著作の中で、比較的やさしいものを数冊読みましたが、微力のために、クラインの学風を伝えることは勿論、その模倣さえもろくに出来ないでしまったのです。しかし、いろいろの意味で、私に最も大きな感化を与えてくれた数学者は、何といってもフェリックス・クラインであります。

その中にぼつぼつと、小さな仕事を発表するようになって来ましたが、自分の研究が少しでも進めば進む程、家業との間の矛盾がだんだんと大きくなり、ついに私にとりましては、青春時代の危機ともいうべき時期に達したのでした。

ちょうどその頃、外国から帰った永井荷風は、『監獄署の裏』とか『歓楽』、『すみだ川』といった作品によって、日本の社会と文明に対する激しい批判を含めた小説を続々と公けにしたのでした。それらはあまりにも一本調子な作品ではありましたけれども、その妥協を許さない反逆性が、どんなにか私に大きな慰安を与えてくれたでしょうか。私を激励して、私を絶望から救ってくれたのは実に荷風文学の反逆性であったのです。

その中、間もなく（一九一〇年）母校物理学校の講師として出京することになり、続いて、翌年には仙台に新設の東北大学の助手となって、数学教室に勤務することになりました。これからは職業的数学者として進むことになったわけです。ちょうどその頃に至るまでの読書について、某雑誌の「貴下が成年時代に愛読せられし書籍又は文章」というアンケートに対しまして、次のように答えたものが残っています。——

「二十歳前後から二十五、六歳頃までに読んだものの中で、特に印象の深かったものを挙げましょう（専門の本ははぶきます）。ヘッケル『宇宙の謎』、ルソー『懺悔録』、独歩『牛肉と馬鈴薯』、藤村『家』、荷風『歓楽』、ツルゲネーフ『父と子』、イプセン『ヘッダ・ガブラー』、ドーデ『サフォ』、メリメ『カルメン』、メーテルリンク『内部（ランテリユール）』。」（今よく考え直してみますと、この年齢は満にしてかぞえた方が適切のようです。）

私が郷里におります間、単行本として刊行された飜訳文学はツルゲネーフが主なもので、外にはイプセンなども少しはあったでしょうか。飜訳文学が単行書として盛んに行われるようになったのは、大正に入ってからだと思われます。

三

さて、創立当時の東北大学の数学教室は、自由主義的な林鶴一先生の主宰のもとで、皆元気よく働きました。新興の意気が漲（みなぎ）っていて、どしどし仕事をやろうという気分なので、まとまった書物などを読むよりは、新しい雑誌の論文を読んで、早く論文を書き上げるといった空気でした。それで私も多年来実行して来た時間割を廃（や）めて、専ら新しいその時々の問題に、力を集中することに致しました。けれども最初二、三年の間は、考えも未熟で、ただ価値の低い小さな論文のみが出来上り、何一つまとまった力作を得ることは出来ませんでした。その間に祖父が死亡して、郷里にある家や家業の整理が終った年（一九一四）には、第一次世界大戦がはじまったのでした。

その頃私はアメリカのエドワード・カスナーの『力学の微分幾何学的考察』(一九一三)という書物を読み、これにヒントを得て、学位論文『保存力場における径路』(一九一五)を書き上げることが出来ました。引続き、微分幾何や力学に関する、割合にまとまったものが書けるようになって参りました。

それなら、その頃興味を持って読んだ専門以外のものは、どんなものかと申しますと、ここに「貴下が最近の読書中最も感動せられし書籍」という、一九一六年夏のアンケートに対して、私が次の様に答えたものが残っております。——

「エリス『性的心理の研究』、リップス『倫理学の根本問題』、トルストイ『戦争と平和』、『パーテル・セルギウス』、ドストイエフスキー『カラマーゾフの兄弟』、シュニッツラー『アナトール』、フローベル『マダム・ボヴァリー』……」

なぜ私がエリスの本に興味を持ち出したかといいますと、ちょうどそのころから婦人問題がやかましくなって来たからです。まず東北大学の総長沢柳政太郎先生の英断によって、わが国で始めて女子の大学入学を許可するという、画期的な試みが行なわれて、数名の婦人が東北大学に入学しました。一方、その当時は平塚明子女史を中心とした、『青鞜』などによる婦人問題の活動によって、婦人問題が盛んにとりあげられて来た時期であります。それで私もまずエリスの『マン・エンド・ウーマン』の日本語訳を読んだあとで、『性の心理研究』という六巻の大作を読みだしたわけです。私の読んだのは一九一三年のアメリカ版で、その第六巻の跋には、こういう意味のことが書かれていたのです。――

「……私が性の問題に関する、このような書物を書こうと決心してから三十年以上になる。研究と準備の期間が十五年以上にわたり、後の十五年間は主に著述と出版に追われたのである。この研究の第一巻がイギリスで出版されたとき、政府から発禁を命ぜられ、わが祖国では出版が出来ないことになった。しかし私は悲しまなかった。私の著述はドイツとアメリカ合衆国で歓迎され、英語ばかりでなしに、世界の主な国語に訳されて読まれていたから……。十七世紀にあっては、宗教の問題をめぐって、戦いがつづけられた。同じように今日では、性の問題をめぐって戦われている。……しかし人々は死ぬものであるが、彼等が殺そうとした思想は生きるのである。われわれの書物は、炎の中に投じられるだろう。しかしながら次の世代において、それは人間の魂になるのである。……」

考えてみますと、私はその頃の新しい、いわば反逆思想の一つとして、婦人問題を選んだわけでした。その頃は幸徳秋水たちのいわゆる大逆事件の後で、「社会」という名のついた出版物は総べて禁止された時代で、その頃の一般人には、いわゆる大逆事件なるものの真相や、その意味について全然うかがい知ることの出来ない時代、社会主義のイロハさえも知ることをゆるされなかった時代、思想問題等は全く禁ぜられていた時代なのです。それですから、それより後、時を経るにしたがって、婦人問題に対する私の興味は、だんだんと社会科学によって置き換えられることになったのでした。

私は仙台で田辺元さんと懇意になりましたので、いろいろ哲学の話も聴いたのですが、ドイツ流の哲学的観念論にはあまり染まらないで過ぎたのです。それは多分もっと若い時分から、私がフェリックス・クラインの数学観に、相当影響されていたためではなかったかと、考えられます、数学の基礎に関するクラインの見解が、どんなものであるかは、次の言葉によってもうかがわれましょう。

「……たとえどんなに自己矛盾がなければとて、全く勝手な公理から、単なる理論的建設をなすような立場は、『一切の科学の死』を導くものである。……幾何学公理は、任意的な事実ではない。それどころか、それはかえって、一般に空間的直観によって生じたところの、そして、その適用性によって、個々の事実を整頓するための、合理的なる事実である。……」

実際、数学についてのクラインの研究態度は、直観と論理、理論と実践の統一を志ざしたものでありましたし、彼の数学教育論もまたかような学問を反映したものでした。私は若い時分から、いつの間にか、かような学問によって育て上げられていたのでした。

四

かような研究や読書の態度は、塩見理化学研究所員として、大阪に移住（一九一七）してからも、続いたのであります。ただ大阪では、大阪医科大学で予科の講義をもたされたので、思い切ってグラフや統計を教材の中に入れたのです。それというのも、当時好評であった河上肇博士の『貧乏物語』を、興味深く読んだからです。あの本の中に引用されている家計の調査や、富の分配に関する、英米の経済書を丸善に注文して、その中の統計資料やグラフを教材として講義の中に用いたのですが、これは私に社会科学に関心を持たせる一つの動機となったのでした。

それから研究方面では、仙台以来の微分幾何や力学の外に、新たに近似函数や補間の理論の研究を始めたのでした。

しかし第一次大戦が終ると間もなく、二年ばかりの間（一九二〇―一九二二）、フランスに留学することになりました。そこではフランス語の勉強の外に、主として相対性理論に関するアインシュタインやワイルなどの書物を読んだのですが、その暇（いとま）に語学の勉強かたがた、モーパッサン全集などをはじめ、スタンダール、ドーデー、アナトール・フランス、バルビュスなどの小説類を読み漁（あさ）りました。

帰国後間もなく起った関東大震災の後に、『数学教育の根本問題』と『統計的研究法』という、二種の著述をだしました。前の本を書くときは教育学や心理学の本――例えばデュウィーやソーンダイクのものなど――を漁りましたし、後の場合には、ただ統計学の原書ばかりでなしに、経済や人口問題等の社会科学に関係のある書物も漁ったのでした。そして研究としては、むしろ理論物理学の方に関心を寄せるようになったのですが、一九二五年以来肺門淋巴（リンパ）腺炎のため、病床に横たわることになってしまったのです。

三年ばかりの間療養生活を続けることになったのですが、何といっても長い間なので、トルストイ、ドストエフスキイ、ロマン・ロランなどから、ルソーの『エミール』など、雑多な作品の外に、いろんな文化史や藝術史や、または経済学や各方面の書物を濫読致しました。かような濫読の間にもっとも強い感銘を残したのは、トルストイの『藝術とは何ぞや』の、終りの方にある科学論でした。それは、例のトルストイ流の偏狭的なものではありましたけれど、その科学のための科学に対するヒューマニスティックな激しい攻撃は、強く私の心をゆするものがあったのでした。

五

健康がようやく恢復しましてからも、数学的な面倒な計算をやったりすると、やはり健康によくありませんので、ついに私は数学史の研究を始めることに決心したのです。なぜかといえば、寝ていても或る程度まで、文献を読むことが出来るからです。それは一九二八年から二九年にかけての頃（昭和三、四年）で、ちょうど日本における社会的風雲が、ようやく急になろうとする時期でした，そして私の方向転換に決定的な動機を与えたのは、十六世紀のイギリスの算術書、ロバート・レコードの『技術の礎（グラウンド・オヴ・アーツ）』を原本で読んだことでした。私はそこにはっきりと、算術における社会的制約の状態を読みとることが出来たからです。

それからまた、プレハーノフの『階級社会の藝術』という訳本に暗示を得て、数学の階級性の問題を取扱ってみたのです。その一部分を「階級社会の算術」と題して岩波書店の『思想』に送りましたが、それが意外にも問題にされましたので、私は急に経済史（例えばゾンバルトの『モデルネ・キャピタリスムス』など）や、社会史や教育史などを読み始め、一方邦文の手頃なマルクス文献を多少参考として、「階級社会の数学」といった論文を書き上げました。しかし『資本論』を始め、マルクス文献の本格的な専門書は、素人の容易に喰いつき得るものではあるまいと考えます。私などにはとても歯が立ちませんので、今日まで何一つ満足に読んだものはありません。

ところで数学史を研究しますには、孫引きばかりでは駄目なので、どうしても直接古い原書に当らなければなりません。ところが、西洋の古い文献を集めるには多額の費用がいって、私のように主に自費でやる研究では、容易でないことがわかってきました。そこでやむを得ず、私は徳川時代と明治時代の数学書、及び中国の古来の数学書を蒐集することに致しました。それを廉価で、しかも系統的に、できるだけ早く集めようとして、いろいろ工夫を凝らしたのでした。

かようにして一九三三年頃から、私は和算と中国数学史の研究を始めました。それは一九三七年東京に移住してから後も、今日に至るまで十数年間継続しています。しかしながら、十分突っ込んだ、そして十分に批判的な数学史を研究したり、発表したりすることは、日華事変以来終戦にいたるまで、言論束縛のために不可能となりました。また敗戦後は私の不健康のために、ただ数冊の著述を出したばかりで、十分にまとまった大作を公けにしないでおります。読んだ割合には、まとめることが出来ないでしまいました。

何といいましても、十分に科学的な数学史を建設するのは、今後の問題だと思います。数学・科学発展のための要因・条件の具体的研究——私の研究課題は目下ここに集注されているのですが、これは殆んど先人の手のつけなかった、きわめて困難な、しかしながら極めて大切な問題に相違ありません。

六

考えてみますと、私は年若い時分にいろいろ、数学書の飜訳をやったり、小さな論文を書いたりしましたが、あまりこまごましい断片的な問題にとらわれて、第二義的な問題に多くの時間と精力をそそぎ過ぎたと思います。そのため広い展望の上に立って、第一流の数学書をゆっくりと熟読する暇もないうちに病弱の身となってしまいました。実際私はニュートンの著作中最も名高い『プリンキピア』さえも、――説明振りが古くさくて、あまり面倒なので、――必要にせまられては、ところどころ数頁ばかり丁寧に読んだ程度で、まだ一度も真面目に通読したことがないくらいです。じっさい私の知識の大部分は、単なる孫引きに過ぎないのです。

かつてフランス留学の際に、私はかような数学の古典的大作を、外国の宿で静かに読んでみるつもりで出掛けたのですが、パリに到着してみると、アインシュタインの一般相対性理論が、非常に問題になっている時なので、私もその新しい理論を追うて走ったのでした。私は十九世紀の劃期的な数学的古典さえも、ほんの少ししか味わわない中(うち)に、年老いてしまったのです。

またもと読んだときには解ったつもりでいたものが、実際には解っていなかったのだ――ということも、私のしばしば経験したところです。現にポアンカレの『科学と仮説』は、古くから各国語の訳もあって、私も自分では三十年も前に、既に卒業したつもりでいたのですが、ついこの間新刊の日本訳を読んでみますと、この書物の後半には、全く私の微力のために、専門的な物理学書をもっとよく調べてみなければ、私にはどうしても解からない個所が、所々にあるばかりでなく、現代物理学の進歩の結果、この書物のどこをどう書き換えなければならないのかも、私にははっきり解からないのです。私はこの齢になって、いまさら自分の無学に驚かざるを得ませんでした。

それればかりではありません。私は一番初めに申したように、いわゆる教養向きの本を意識して読んだことは殆んどないのです。『聖書』を読んだこともなければ、仏典も知らないし、『論語』や『孟子』などは、中学校の修身の時間に、ほんの少しばかり漢文で教わっただけです。『万葉集』や『源氏物語』を手にしたこともなければ、モンテーニュとかパスカルとかも読んだことはなく、偉人の伝記といえば、ルナンの『イエスの生涯』をパリの客舎で読んだ程度で、少数の科学者と藝術家以外の伝記などは、殆んど読んだことがありません。中国や日本の古典で、真面目に通読したものといえば、私には日本や中国の昔の数学書があるばかりなのです。(しかも不思議なことに、日本や中国の数学文献は、私の貧弱な国語や漢文の力でも、あまり辞書をひかないで、どうやら読めるのです。)

ただとかく病気がちなので、病床の中で読んだかずかずの文藝ものや雑書などが、果してどれだけ私の教養となり得たか、それについては、私みずから簡単に答えることが出来ません。

(病床にて口述、一九五〇・六・一二)〔『学生と読書』昭和二十五年八月所載〕

あとがき

この書物は、私の旧稿の中から、角川書店の田中亨君が、大体、選んで纏めてくれたものだ。おもに戦後の随想に戦前のものを少しばかりまじえている。私のこれまでの評論随筆集に較べると、確かにいくぶんか、ちがった印象を与える。ここには政治的、とくに教育的な評論が少くて、その代りに、いわば人間的・文学的といった感想が、多く集められている。田中君は、特殊な知識を予想もしないし、あまり議論がましくもない、わりに気楽に読めるものを主として選んだのだともいえるだろう。

いずれにしても、これは一九二三年から一九五二年にわたる、およそ三十年ばかりの期間――関東大震災から軍国的ファシズムの時代となり、敗戦を経て、民主革命の曙(あけぼの)が来たかとおもう間もなく、またもや不安な時代にはいった日本の変革期――に書かれた、折にふれての随感随想なのだ。いうまでもなく、それは極めてまずしく、極めてささやかな人生記録に過ぎない。けれどももしも万一、年わかい読者諸君が、この記録の中から、かようなきびしい変革期を曲りなりにも生きてきた一平凡人の、人間形成過程の一端をつかみとることが出来るなら、それは何よりも私の幸いとするところでなければならない。

角川文庫に収録するにあたって、旧仮名づかいで統一されることになったが*、しかし一方で、私は堅苦しい文章を出来るだけ柔げて、読みやすくしたばかりでなく、ずいぶん沢山の増訂を加えたり、追記をかくことにした。巻末に添えた簡単な年譜は、私が自分で、新しく作ったものだ。執筆の年月と対照しながら、読まれたいものである。

この書の出版については、田中亭君の熱心な尽力に負うところ、甚だ多かった。また、ここに収めた文章の中には、口述筆記その他、阿部わか子さんの厚意によって成った、かなり長いものが、数篇もまじっている。この機会に心から感謝の意を表したいと思う。

*私から、そういうことを聞いた二、三の人たちは、いまさら旧仮名づかいでもあるまいとの意見であった。著者としての私は、旧仮名づかいで統一する可否についての、一つの研究資料として、この書物を読者諸君に提供するだけである。

一九五二年一〇月一二日

小倉金之助

年譜

一八八五年（明治十八年）
三月十四日、山形県酒田町（いまの酒田市）の一廻漕問屋の長男として生れた。父の末吉は酒田町の商家富樫長兵衛の次男、母の里江は近郊鵜渡川原村（いまは酒田市内）の農家岩本金吾の次女であった。青森県から来た祖父（金蔵）と祖母（志賀）の間に、子供がなかったので、父母を養子夫婦として迎えたのである。

一八八六年（明治十九年）一歳
父を失った。（数年後に、再婚した母は分家となり、私は祖父母の許（もと）で成人することになった。）

一八九七年（明治三十年）十二歳
小学校高等科四年のころ、化学の実験に没頭し、傍（かたわ）ら代数と英語を学んだ。

一八九八年（明治三十一年）十三歳
小学校を終われば、函館か小樽の廻漕業者に見習いにやられることに、大体決まっていた。そこで祖父が旅行の留守中に、その許可を得ないで鶴岡にある荘内中学校に入学した。

一九〇二年（明治三十五年）十七歳
祖父の許可を得ずに、（祖母の諒解のもとに）、中学を半途にして上京し、東京物理学校（現・東京理科大）に入学した。

一九〇五年（明治三十八年）二十歳
東京物理学校および大成中学校（現・大成高校）をほとんど同時に卒業し、間もなく家督を相続した。東京帝国大学理科大学化学選科に入学した。この前年から『東京物理学校雑誌』に寄稿しはじめた。

一九〇六年（明治三十九年）二十一歳
祖父及び私の病気のため、大学を退いて郷里に帰り、家業に従事した。この年幼少から養女として妹のように育てられた許嫁（いいなずけ）、青森県人藤巻仁助の三女しま（通称すみ子）と結婚した。

一九〇七年（明治四十年）二十二歳

昨年から林鶴一先生の指導を受けていたが、いよいよ家業の傍ら、数学を研究することにした。この年長男真美が生れた。

一九〇八年（明治四十一年）二十三歳

この年から東京数学物理学会に論文の発表をはじめた。数学の上ではドイツのフェリックス・クラインとノールウェーのソーフス・リーの著述から、もっとも大きな影響を受けた。

一九〇九年（明治四十二年）二十四歳

商用のため新潟に三ヶ月滞留したが、その間に数学を職業として生活することに決心した。その前後は封建的な家族制度と学問研究との矛盾に悩んだ、青春時代の危機であった。

一九一〇年（明治四十三年）二十五歳

母校（東京物理学校）の講師を依嘱されて上京した。

一九一一年（明治四十四年）二十六歳

新設の東北帝国大学理科大学助手となって、妻子と共に仙台に移った。これより六年間、林鶴一先生を主任教授とする数学教室に勤務し、また『東北数学雑誌』の編集を手伝った。

一九一二年（大正一年）二十七歳

祖父を失った。郷里から引上げの準備をはじめた。この年最初の著書『級数概論』（林鶴一先生共著）を公にした。

一九一三年（大正二年）二十八歳

『ルーシェ・コンブルース初等幾何学』第一巻を出版した。

一九一四年（大正三年）二十九歳

この春で郷里からの引上げが終った。『サーモン解析幾何学』を刊行した。

一九一五年（大正四年）三十歳

この年から助手のままで、東北大学の講義を嘱託された。『ルーシェ・コンブルース初等幾何学』第二巻を出した。

一九一六年（大正五年）三十一歳

論文『保存力場における径路』によって、文部省から理学博士の学位を受けた。

一九一七年（大正六年）三十二歳

大阪医科大学（現・大阪大学医学部）学長佐多愛彦博士から、同大学の管理に属する新設の塩見理化学研究所に招かれ、大阪に転じ、池田町（いまの池田市）に住んだ。研究の傍ら、医科大学予科の講義をもたせられた。およそ二十九歳ごろから三十四歳ごろにわたる期間が、いわば本格的な数学——微分幾何学、直線幾何学および円の幾何学、力学、近似函数など——の論文をもっとも多く書いた時である。

一九二〇年（大正九年）三十五歳

フランスに遊学、一月パリに着いて、ラテン区パンテオンの側に住んだ。ストラスブールの国際数学者会議に出席した。ソルボンヌ大学とコレージュ・ド・フランスに出入りして、アダマール、ボレル、カルタン、ランジュヴァンの講義またはゼミナールに出席した。

一九二一年（大正十年）三十六歳

相対性理論の研究をはじめた。十二月マルセーユを出帆、帰国の途についた。

一九二二年（大正十一年）三十七歳

一月に帰国して、研究所の仕事に従事し、また大阪医科大学予科の講義をはじめた。

一九二四年（大正十三年）三十九歳

『数学教育の根本問題』を出版した。この前後から数学教育および数学の大衆化の問題について、いろいろ考えもし、著作もするようになった。

一九二五年（大正十四年）四十歳

塩見理化学研究所長を命じられた。この秋から肺門淋巴(リンパ)腺炎のため、満二年間ほど療養生活をつづけたが、その間に大阪医科大学教授を辞した。（このころから健康が衰えてきて、毎年冬期には臥床する日が多くなった。）病臥する直前に『統計的研究法』が出版された。

一九二八年（昭和三年）四十三歳

健康ようやく恢復して、『カジョリ初等数学史』（井出弥門氏と共訳）を出版し、数学史に興味をよせるようになった。

一九二九年（昭和四年）四十四歳

祖母を失った。数学史の研究を始めだし、『階級社会の算術』（翌年には『階級社会の数学』）などの論文を公にした。

一九三一年（昭和六年）四十六歳

広島文理科大学（現・広島大学）で一年間、正規の題目として、数学史・数学教育学を講義した。

一九三二年（昭和七年）四十七歳

大阪帝国大学理学部が新設され、講師となった。『数学教育史』出版。唯物論研究会の創設に参加し、また『日本資本主義発達史講座』に科学史の一部を書いた。

一九三三年（昭和八年）四十八歳

この年から和算及び中国数学史の研究をはじめた。周囲の人々に対して、はげしい孤独感を抱きながら。

一九三五年（昭和十年）五十歳

『数学史研究第一輯』刊行。この前年から機会をとらえては、ファシズム防止のために尽力した。

一九三六年（昭和十一年）五十一歳

科学をファシズムから守るために、『中央公論』に「自然科学者の任務」を寄せた。

一九三七年（昭和十二年）五十二歳

孫欣一生まる。塩見理化学研究所長を辞し、東京杉並に移った。（これから後、大阪帝国大学の講義は、毎年春秋の二期にまとめて行なうことにした。）『科学的精神と数学教育』を出した。

一九三八年（昭和十三年）五十三歳

孫純二生まる。『家計の数学』を書いた。

一九三九年（昭和十四年）五十四歳

二月、急性肺炎にかかった。国民学術協会が生まれ、会員および理事となる。（これは十三年後の今日も、もとの通りである。）

一九四〇年（昭和十五年）五十五歳

満洲国民生部の教科書編纂顧問となる（翌年解職）。『日本の数学』、『計算図表』刊行。この秋、母校の同窓から無理に頼まれて、東京物理学校の理事長および幹事となり、多忙な生活に入った。

一九四一年（昭和十六年）五十六歳

孫信三生まる。日本科学史学会成立し、顧問となる。二年ほど前から、国民生活協会の理事として、国民生活学院（島中雄作氏を院長とした女子の特色ある学校）の経営に参与したが、時局柄思わしくいかなかった。

一九四二年（昭和十七年）五十七歳

この年熱ある（病名不明の）病のため、慶應義塾大学病院に入院したが、これから後、健康は非常に衰えてきた。昨年書きあげた『日本における近代的数学の成立過程——明治時代の数学』が出版になった。

一九四三年（昭和十八年）五十八歳

この年内に大阪大学の講師をやめた。また東京物理学校における私の経営方針には、同窓の反対者が多かったので、改選期に理事も幹事も辞してしまった。敗戦の色濃くなるにつれ、私はまったく執筆禁止と同様になった。

一九四四年（昭和十九年）五十九歳

八月、妻と孫三人で酒田市に疎開した。

一九四五年（昭和二十年）六十歳

六月、B29の来襲があって、酒田の港湾に機雷が投じられたので、七月に市では学童の強制疎開を行なった。そのために私たちは酒田市に近い袖浦村（現・酒田市）黒森に、また疎開することになった。終戦後酒田市に戻り、年末に東京の自宅に帰った。この年母を失った。

一九四六年（昭和二十一年）六十一歳

民主主義科学者協会が成立し、会長に推された。孫の由理子生まる。疎開中の無理がたたったのであろうか、二月ごろから胃潰瘍にかかった。この病気中、まだ吐血しない前に、日本放送協会会長に推薦されたが、固く辞した。また戦争調査局参与にされたが、これは間もなく解散となった。『科学の指標』刊行。

一九四七年（昭和二十二年）六十二歳

この春は久しぶりの健康なので、十月末までに『明治数学史の基礎工事』を書きあげた。その途中の七月と、脱稿後の十二月末とに、二度も急性肺炎にかかった。民主主義文化連盟の常任委員長に推され、十月に拡大協議会の席上で、「現在ますます深まりつつある日本の危機に際し、反動攻勢をうちくだいて、真に正しい意味での民主主義文化の革命を遂行する目標の下に……」と述べた。また学術体制刷新委員に当選した。

一九四八年（昭和二十三年）六十三歳

この年二月にまた急性肺炎にかかり、半年も臥床したが、秋からまた病に臥した。日本科学史学会会長に推された。病間に『数学史研究第二輯』および『一数学者の記録』を出した。

一九四九年（昭和二十四年）六十四歳

昨年の秋から臥床していたが、この三月また急性肺炎にかかってしまった。文化連盟の責任ある地位を退いた。東京理科大学（もとの物理学校）の理事となった。

一九五〇年（昭和二十五年）六十五歳

また半年も病臥した。あまりに病弱なので、民主主義科学者協会の会長を辞した。昨年の秋書きあげた『数学者の回想』が刊行された。この年はついに一度も電車に乗ることが出来なかったほど、身体が衰弱しきっていた。

一九五一年（昭和二十六年）六十六歳

『二十世紀の数学教育』（未刊）の原稿を整理中、半年以上も病臥し、その後『カジョリ初等数学史』改訂版の仕事をはじめた。この年は、ながく床についた割に元気で、ようやく三度電車に乗ることが出来た。この年から平和憲法擁護のために微力をつくす覚悟をきめた。

一九五二年（昭和二十七年）六十七歳

一月中旬から四月上旬まで病臥した外、意外なほど健康をたもつことが出来た。『改訂カジョリ初等数学史』（上巻）のほか、『資本主義時代の科学』（新日本史講座）などを書きあげた。

一九五四年（昭和二十九年）六十九歳

十二月二十一～三日、ＮＨＫの〈趣味の手帳〉で「素人文学談義」放送。

一九五六年（昭和三十一年）七十一歳

『近代日本の数学』（新樹社）、『科学史と科学教育』（小倉金之助先生古稀記念出版編集委員会）刊。

一九六二年（昭和三十七年）七十七歳

十月二十一日、胃がんのため逝去。

◉解説――

「社会」を意識した数学者の真骨頂

村上陽一郎

科学史を学ぶ者にとって、小倉金之助（一八八五〜一九六二）の名前は、幾重にも重なった重みを伝えるものです。一つの側面は、科学史学会という制度上の論点です。戦前に結成されたこの学会は、初代の会長、物理学の桑木彧雄（あやお）（一八七八〜一九四五）に次いで、小倉は一九四八年に戦後の最初の会長に就任すると、実に十一年間に亘ってその職に留まりました。因みにその次の会長は、三枝博音（一八九二〜一九六三）、そして加茂儀一（一八九九〜一九七七）へと続いていきますが、いずれもほぼ四年の任期にあった人々ですから、小倉の会長職は異例の長さであったことになります。

小倉金之助は、東京物理学校で学び、東京帝国大学理学部にも籍を置いたことがある数学の専門家としてキャリアを始めました。後東北大学に奉職、学位を得、フランスに三年間ほど遊学、その後幾つかの大学で数学を教えますが、一方で一九三二年、三枝博音、戸坂潤（一九〇〇〜四五)、岡邦雄(一八九〇~一九七一)らと唯物論研究会(通称「唯研」)の結成に連なります。戸坂のように治安維持法によって投獄され獄死するような不幸な例も会員の中にはありましたが、小倉は無事生き延び、戦後直ぐの一九四六年には、民主主義科学者協会(通称「民科」)の組織化に尽力し、初代の会長に就きました。「唯研」の場合は、創設が戦前であったこともあって、マルクス主義を表立って標榜したわけではなく、比較的幅広い知識人を集めた形でしたが、「民科」は、殆ど日本共産党の下部組織のような形で、党派性が見えていました。その意味では、小倉は、戦後の「進歩的知識人」を代表する学者の一人であった、と考えてよいでしょう。ただ、小倉は、自由と民主を強く標榜してはいましたが、硬直した党派性に陥ってはいなかったことは、本書の随所に見て取れます。当時は左翼知識人の合言葉が「反米親ソ」で、この原則は絶対であったのに、小倉には、アメリカに対する原理的な否定は、本書でも見当たりませんし、例えば、宮本百合子の作品『二つの庭』(もともとの角川文庫の原文では『二つの道』となっていますが、当時の編集で有島武郎の作品と混同されたのか、単なる誤植でしょうか、宮本百合子の文章で「二つの道」というものは見当たりません)や『道標』に触れている箇所(本書の「門外書評」一七六ページ参照)では、複雑な事柄を「一種の公式主義」で簡単に割り切るような姿勢を感じて「遺憾」としていることからも、推測できましょう。

小倉が「社会」に、もっと率直な言葉遣いでは「政治」の問題に、強くコミットした動機の一つは、彼自身の言葉を借りれば、現代社会においては科学者と雖(いえど)も「政治的関心を持たないなどという立場は、事実上、あり得ないこと」であるにも関わらず、「自然科学者の政治的自覚は、ひどく立ち遅れています」という事態の改善に随分長い間微力を尽くしてきた、という自負の言葉にもよく現れていると思います（一六一ページ）。また、数学研究の必然としてフランスの思想史へと関心が及んだ時に、ルソーの自由思想に強く惹かれ、その翻訳を手掛けていた堺利彦（一八七〇～一九三三）や幸徳秋水（一八七一～一九一一）、あるいは平林初之輔（一八九二～一九三一）、伊藤野枝（一八九五～一九二三）、大杉栄（一八八五～一九二三）ら、戦前の「左翼」活動を担った人々への共感が強く働いていたとも読み取れます（本書「ルソーをめぐる思い出」一六三ページ以下）。

研究者小倉とは直接関わりのないような話題を進めてきましたが、彼自身、純粋に好奇心に駆動されて、数学の研究者たらんとするキャリアを始め、それなりの場所まで辿り着きながら、「社会」への関心（戦前から戦時中は「社会」という言葉自体が、使い難いような時代であったことは、今の読者にはなかなか理解し難いことかもしれませんが）が、自らの中に育ち始めた事情を、例えば「私の信条」と題された章（一五五ページ以下）において、本書でも明らかにしています。

そうした小倉の知的基礎は、当初数学ではなく、物理化学に始まったようです。その背後には、実家の家業（山形の廻漕業）を継ぐ義務と、自身の意志との間の桎梏が、陰に陽に影響していたようです。既に述べた「左翼的」な傾向の出発点の一つに、こうした旧来からの「家族制度」を「封建的」と感ずる小倉の情念のようなものも、影響していたことを印象付ける文章を、本書の随所に読むことができます。一度は学業を諦めて、家業に従事するために、郷里に帰ったこともあったのです（本書「読書の思い出」二一六ページ）。

当時の物理学校では数学、物理学、化学だけを教えるという、今から考えれば非常に偏った教育構造であったらしく、小倉には、それが快かったようです。中学の時に『土佐日記』などの古文の時間があって、何の役にも立たないから、と教室を抜け出した、というエピソードが本書にも語られています（二〇〇―二〇一ページ）から、小倉自身の興味の偏りと、物理学校は合致していたのでしょう。東京帝国大学でも化学選科に籍を置いたようです。それには、ドイツの物理化学者で、自然科学の史的、哲学的な研究でも当時よく知られていたオストヴァルト（Wilhelm Ostwald, 1853 ~ 1932）に強い影響を受けたと思われます（本書「何を読むべきか」二〇九ページ以下参照）。物理学の表現形態としての数学は常に関心の中にあったと思われますが、しかし、ドイツの数学者フェリックス・クライン（Felix Klein, 1849 ~ 1925）にも強い影響を受けた事情が明かされています（一五六ページ）が、その数学へ直接導いたのは東北帝国大学の数学の教授に赴任した林鶴一（一八七三～一九三五）だったようです。林は日本数学研究の基礎を築いた人の一人、藤沢利喜太郎（一八六一～一九三三）の門人で、数学教育、関流の和算への関心など、小倉が後半生を捧げる仕事の先駆的、指導的立場にあったと思われます。小倉は、東北帝国大学の助手を務める間に、林から様々な影響を受けたと思われます。

それ以降、小倉は、純粋数学研究から少しずつ離れ、結局、数学史、広げて科学史、そして数学教育に挺身するようになっていきます。数学史の領域で、小倉の目標になったのは、三上義夫（一八七五～一九五〇）だったようです（八九ページ以下参照）。そして科学史に関して小倉に最も大きな刺激を与えたのは、科学史という領域の父と呼んでもよい、ベルギー出身アメリカの科学史家サートン（George Sarton, 1884～1956）でした。サートンの『科学史と新ヒューマニズム』（森島恒雄訳、岩波新書、一九三八年初版）は、科学史の啓蒙的な作品として今日でも重要な意義を失っていない名著ですし、筆者も科学史を学ぼうと思い立つきっかけを作ってくれた、想い出の書物でもありますが、科学史の世界では、ほとんどノーベル賞に相当する国際褒章として、（国際）科学史学会が一九五五年にサートン・メダルを制定していることを見ても、彼の科学史において占める位置が判ると思います。小倉は、本書の随所でサートンの仕事に言及し、取り分け彼のヒューマニズムへの共感を隠していません（例えば「科学的ヒューマニストの言葉」一〇一ページ以下）。

小倉の数学史、科学史における業績に関しては、専門領域に亘るため、ここで詳説はいたしませんが、大きく分けて日本の数学史と数学教育に分けられると思います。その他に本書のような啓蒙的エッセイ集もありますが、一九七〇年代に勁草書房から全八巻の『小倉金之助著作集』が刊行されています。ポピュラーな作品としては岩波新書から『日本の数学』（一九四〇年）を挙げておきましょう。

本書の最も興味を惹く点は、既に述べてもきましたが、小倉が、学問的のみならず、政治思想面に積極的に介入するようになった経緯が、飾らない言葉で率直に語られているところにありますが、そのほかにも、小倉の持つ歴史に対するユニークな視点が垣間見られる文章が含まれているところにもあります。例えば「ヴォルテールの恋人」（一一五ページ以下）という、本書の中でも図抜けて長大な文章では、エミリー・デュ・シャトレ侯爵夫人（Émilie du Châtelet, 1706～1749）に関して、詳細な解説を試みています。なお彼女の名前の書き方は、極めて複雑、かつフランス語の綴り方としても、幾つかあるようですが、ここでは最も簡潔で省略的な書き方に留めておきます。今でこそ、正規のフェニミズムも働いて、科学の歴史に名を留めるべき女性の発掘、研究に力が注がれ、シャトレ夫人についても、川島慶子の力作『エミリー・デュ・シャトレとマリー・ラヴワジエ：18世紀フランスのジェンダーと科学』（東京大学出版会、二〇〇五）などがありますが、小倉の進歩的な眼差しは、当時すでに女性の社会的進出の問題にも注がれた結果、フランスの啓蒙期、大陸にニュートンの自然哲学を本格的に紹介する（夫人のニュートンの『自然哲学の数学的原理』のフランス語への翻訳は、極めて大きな業績であり、フランスでは現在でもこの翻訳書は、通用している）役割を担ったシャトレ夫人の仕事に注目、紹介していることになります。

あるいは永井荷風への共感を語った「荷風文学と私」（一四四ページ以下）では、およそ育った環境は異なる荷風と自分だが「荷風の成長と私の成長の間には、明らかに平行的な類似性を見出だすことができる」（一五二ページ）と書いているところなどは、なかなか面白い印象を与えます。小倉は、荷風の文学のなかに、旧弊な「社会」に対する反逆の契機を読み取っていたからであったと思われます。

その他、若年の頃から、必ずしも健康に恵まれなかった結果、病臥することも多い自分を顧みた文章も、幾つか眼を惹きます。

（むらかみ　よういちろう・科学史）

＊本書は、小倉金之助『数学の窓から――科学と人間性』（角川文庫、一九五三年四月刊）を底本に、新字新仮名遣いに改めたものである。なお、『小倉金之助著作集』（全8巻、勁草書房）に収録された文章は、適宜そちらも参照した。

小倉金之助

（おぐら・きんのすけ）

1885年、山形県生まれ。数学者、数学史家。東京物理学校卒、東京帝国大学理科大学中退。東北帝大助手、大阪医科大教授などを務める。微分幾何の研究で理学博士の学位を取得。唯物論研究会の発起人に名を連ね、「自然科学者の任務」を発表し、軍国主義に反対した。和算や中国の数学史も研究した。戦後、民主主義科学者協会、日本科学史学会、日本数学史学会の会長も務めた。1962年逝去。著書に、『数学教育史』『家計の数学』『日本の数学』『数学者の回想』『近代日本の数学』などのほか、『小倉金之助著作集』（全8巻、勁草書房、1973-75）がある。

数学の窓から

科学と人間性

二〇二五年 四 月二〇日 初版印刷
二〇二五年 四 月三〇日 初版発行

著　者——小倉金之助
発行者——小野寺優
発行所——株式会社河出書房新社
〒一六二-八五四四
東京都新宿区東五軒町二-一三
電話
〇三-三四〇四-一二〇一〔営業〕
〇三-三四〇四-八六一一〔編集〕
https://www.kawade.co.jp/

組　版——株式会社ステラ
印　刷——モリモト印刷株式会社
製　本——加藤製本株式会社

ISBN978-4-309-25480-7
Printed in Japan